U0161801

2021 年度辽宁省普通高等教育本科教学改革研究项目 辽教办 2021352

2022 年度高等教育科学研究规划重点课题 22SZH0202

2021 年教育部供需对接就业育人项目 20220105621

2022 年教育部产学合作协同育人项目 221002362101039

2023 年大连交通大学人文社科融合发展专项研究项目

CHENGSHI LISHI WENHUA KONGJIAN DE

DANGDAI

CHUANGXIN SHEJI

隋晓莹 / 著

城市历史文化空间的当代创新设计

中国财经出版传媒集团

经济科学出版社
Economic Science Press

·北京·

图书在版编目（CIP）数据

城市历史文化空间的当代创新设计/隋晓莹著. --
北京：经济科学出版社，2023.10
ISBN 978 - 7 - 5218 - 4463 - 4

Ⅰ.①城…　Ⅱ.①隋…　Ⅲ.①文化名城 - 保护 - 城市
规划 - 研究　Ⅳ.①TU984

中国国家版本馆 CIP 数据核字（2023）第 014039 号

责任编辑：李　雪　袁　溦
责任校对：孙　晨
责任印制：邱　天

城市历史文化空间的当代创新设计

隋晓莹/著

经济科学出版社出版、发行　新华书店经销
社址：北京市海淀区阜成路甲 28 号　邮编：100142
总编部电话：010 - 88191217　发行部电话：010 - 88191522
网址：www. esp. com. cn
电子邮箱：esp@ esp. com. cn
天猫网店：经济科学出版社旗舰店
网址：http://jjkxcbs. tmall. com
固安华明印业有限公司印装
710 × 1000　16 开　14.75 印张　220000 字
2023 年 10 月第 1 版　2023 年 10 月第 1 次印刷
ISBN 978 - 7 - 5218 - 4463 - 4　定价：76.00 元
（图书出现印装问题，本社负责调换。电话：010 - 88191545）
（版权所有　侵权必究　打击盗版　举报热线：010 - 88191661
QQ：2242791300　营销中心电话：010 - 88191537
电子邮箱：dbts@ esp. com. cn）

前　言

PREFACE

　　城市的产生是社会发展到一定阶段的产物，它的发展变化是社会进步的具体表现。在社会强调可持续发展的今天，兼顾现代化与城市文化保护，是当代城市先进性的评价标准。目前，在中国非完全市场经济大背景下，大规模的城市更新改造使许多旧的城市结构和历史文化或历史文化空间遗存，被"城市现代化"的脚步踩得粉碎，"建设性破坏"成为破坏城市历史文化遗产最主要的因素。城市的迅猛发展使得任何被动的、理想化的和静态的城市历史文化保护的方法都难以取得理想的效果。由此，在呼吁加强国家整体保护意识、建立完善的保护制度的同时，我们也需要在市场经济条件下深入研究保护和先进设计理念，以便灵活有效地对城市发展中的历史文化或历史文化空间进行保护，并让这部分文化焕发新的活力，使之成为城市发展的一大重要推动力。

　　本书将城市历史文化保护的问题放在城市发展的大背景下进行研究，综合考虑目前影响城市历史文化保护的政策因素、经济因素和社会因素，理论联系实际，寻求城市发展中的城市设计的具体方法。城市历史文化保护和利用的最终目标，是在城市的发展过程中保护城市历史的连续感，并且使城市的特色得以发扬，从而在更高的层次上实现城市的可持续发展，由此，城市设计必须要考虑市场和人文因素，提供保护的多种模式和方法，以适应城市的发展规律。

作者
2023 年 10 月

目 录
CONTENTS

第一章

绪　　论

　　城市是人类社会文明与智慧的结晶，每个城市都有其独特的历史文化传统和发展轨迹。文化是人们在实践的历史过程中，所形成的生活方式的总体。文化以城市建筑为载体，在时间上的积淀形成了一个城市的历史文化，其在空间上的延续分布构成了一个城市的特色。城市从其起源时代开始便是一种特殊的构造，它专门用来储存并流传人类的文明的成果；这种构造致密而紧凑，足以用最小的空间容纳最多的设施；同时又能扩大自身的结构，以适应不断变化的需求和社会发展更加复杂的形式，从而保存不断积累起来的社会遗产。工业社会以前，文化的自然积累使城市结构有着相对稳定的缓慢发展过程，城市这种紧凑而特殊的文化容器，呈现出自我调节自我完善的机制，保持并且延续着自己的特色。

　　18 世纪下半叶开始的工业革命，引发了社会经济的巨大变革，导致城市化的进程加快，城市人口膨胀，城市原有的结构形态被突破，由此产生许多城市问题。文化的自然积累的状态被打破，新的先进的科学技术，使得人们复制文化和创造文化的行动大大加强。由于经济全球化而导致的城市文化趋同的现象，深刻影响着城市特色的保护和发扬。现代城市建设的实践表明：城市开发的速度过快、强度过高，使得城市环境质量下降，城市特色逐渐消亡。而现代经济的发展对保持城市特色的冲击力，远超出战争对城市的毁坏。1976 年，联合国教育、科学及文化组织（以下简称

"联合国教科文组织")大会通过的《内罗毕建议》就注意到，整个世界在扩展和现代化的借口之下，不合理、不适当的拆毁以及重建工程给城市历史文化带来了严重损害，并且指出："在一个施工技术和建筑形式的普遍一致可能使人类的生活环境千篇一律的危险时代，保存历史的或传统的建筑群会对加深每个国家特有的社会和文化价值有利，会对在建筑方面丰富世界文化遗产有利。"然而，现代社会持续的城市化和现代化的浪潮，似乎使城市的历史文化遗产成为城市发展的包袱和障碍。在城市的旧区改造中，人们更倾向于简单的"推倒重建"，以"脱胎换骨"的方式去打造历史内涵丰富、特色鲜明的古老城区；城市新区开发既不注重保护地方的景观特色和文化特色，也不考虑发扬城市历史文化，简单的商业化生产模式甚至是国外市镇的表面形式成为新区设计的主导思想。虽然，城市历史文化保护已越来越成为人们的共识，但是我们的城市历史文化保护工作仍然面临着严峻的挑战。由于保护的意识还远没有深入人心，有关保护的立法还有待健全，并且保护理论研究尚有欠缺以及保护的技术手段相对滞后，城市历史文化保护的现实状况不容乐观。

第一节   城市历史文化保护现状

现代城市经济功能、交通运输功能的产生，促使城市在空间结构上进行重新分配，从而引发了大规模的城市更新和再更新的过程。在这一过程中，许多旧的城市结构和历史文化遗存，未得到有效的保护而被城市化的脚步摧毁了。面对割断历史的建筑和新区、缺乏文化内涵的城市空间，人们开始审视城市历史文化不可取代的价值。

我国自 1978 年改革开放以来，经济建设取得了令人瞩目的成就，已连续多年经济增长率保持在 9.5% 左右[①]，城市发展迅速，并且未来还将

---

① http：//baijiahao. baidu. com/s? id＝1674431549673341779&wfr＝spider&for＝pc.

有着广阔的发展前景。土地的有偿使用，房地产业的发展，使得城市中心的旧区改造存在着大量的利润，在经济利益的驱动下"革故鼎新"式的建设随处可见，兼顾现代化与城市历史文化保护举步维艰。虽然，政府部门和许多专家学者在历史文化的保护方面做了许多的工作，然而，目前我国城市历史文化保护的现状令人担忧。具体反映在大规模的"建设性破坏"对城市历史文化保护的巨大威胁，以及由此反映出的整体保护意识的薄弱，保护立法、保护制度建立的滞后，缺乏对保护理论的深入研究和缺乏行之有效的城市设计保护方法等一系列问题。下面让我们看几个典型的实例。

一、"脱胎换骨"式的城市旧区改造

（一）广场建设热

20世纪90年代中后期，随着城市经济的迅速增长，我国的许多城市都掀起大广场的建设高潮，无论是新区建设还是旧城区中原有城市广场的改造，求大求新、大拆大建的现象十分普遍，甚至形成攀比之风。例如：山东省某小城市的新区开发中，主要的行政广场已达110米×160米，虽然十分气派，但是已经和其周围建筑的高度失去适当的比例，本应改小，而当地政府领导却认为广场的尺寸比邻近的其他城市所新建的广场小，所以要求设计人员增加广场面积。城市历史中心的广场建设，其面积和开发量也有不断增大的趋势。例如：位于北海市商业中心的北部湾广场，原来面积为2公顷，改建后面积超过4公顷；地处无锡市心脏地带的无锡市三阳广场，占地13.1公顷；长春市文化广场位于城市历史核心区，总用地21.25公顷，东西长469米，南北长约452米。由此可见改造的力度①。在旧貌换新颜的同时，一些城市的广场建设是以破坏城市历史文化遗产为代价的。以成都市中心天府广场扩建为例：天府广场位于整个城市的几何

①　作者根据百度百科等网络资料整理。

中心，其历史可以追溯到明朝。20世纪六七十年代，广场的改建曾经使得历史遗留的一批文物建筑被拆除，1997年，成都市政府决定扩建中心广场①。广场两侧民居被迅速拆除，一些形成于清代的老街就此永远消失；广场内部近百株茂密的梧桐树被砍光；广场西侧历经劫难而幸存下来的"皇城清真寺"此次终于难逃劫数，被夷为平地。这些做法和当今城市可持续发展的目标背道而驰。

（二）绿地建设热

近年来，一些大城市的城市建设在广场热之后，又出现以大规模拆迁为先导、"大树进城"为后续手段的急功近利式的绿地建设热。例如：上海市特大型"城市绿肺"延中绿地建成，一期拆房40余万平方米，近2万户居民全部动迁。卢湾区动迁3800户居民，兴建带有人工湖的大型绿地，揭开上海市新一轮的旧区改造序幕——第一个带有近1万平方米人工湖的大型绿地在太平桥建成。这个占地4.4万多平方米，规模仅次于延中绿地的开放式公共绿地建成后，与延中绿地的人造山丘相匹配，营造出中心城区良好的生态环境。以环境变化为先导，太平桥地区总面积达52公顷、以二级以下旧里为主的旧区拉开了改造的序幕。"大手笔泼绿"工程除了搬迁大量居民外，三年内还移植了大约20万棵大树进城②。

大广场、大绿化的建设是城市发展、经济建设成就的直观的体现，也是政府为美化城市、改善城市环境所做的有益工作。然而，大广场、大绿化的建设不应以破坏城市历史文化为代价，也不应该成为更大规模开发建设的序曲。而上海太平桥地区在大型绿地建成后，将投资32亿美元，以更大规模地拆除旧式里弄为前提打造出一片"新天地"，总建筑面积达100多万平方米③。大拆大建反映了在社会经济发展大潮中，历史文化保

① 作者根据百度百科等网络资料整理。
② 张松. 历史城市保护学导论——文化遗产和历史环境保护的一种整体性方法［M］. 上海：同济大学出版社，2002.
③ 罗小未. 人文历史与开发模式的研究——上海新天地［M］. 南京：东南大学出版社，2002.

护的苍白无力，这从根本上说不是一个技术问题，城市历史文化保护需要各级政府部门的高度重视和法律制度的健全，将城市历史文化保护纳入城市发展的长远计划之中，使城市建设在总体上有序地、可持续地发展。

二、商业性开发破坏文物古迹

开发商追求短期利益，大规模地开发建设而无视历史文化遗产的存在是"建设性破坏"的重要表现。据报道，南京玄武湖风景区就受到了令人扼腕的建设性破坏：紧沿湖边至少"开发"了三片商品房小区，甚至挖了明城墙，在其遗址上建造商品房；靠湖建造的大体量建筑物的急剧增加，使曾获得国家园林设计一等奖的"蔓园"等环境恶化；紧靠北极阁西侧，正在建造 30 多层高 149.5 米的电信多媒体大楼，超过北极阁高度 1 倍以上，严重破坏自然景观[①]。

湖西某公司综合楼高达 38 层，建筑面积约 28 万平方米，距离明城墙仅 50 米。又如，20 世纪 90 年代济南火车站等优秀近代建筑被拆除，这个事件和 20 世纪 60 年代初美国纽约宾夕法尼亚火车站（Pennsylvania station）的拆除，有着相似的社会背景，这说明以获取最大利润为基本目的的商业开发需要历史文化保护立法的约束和引导。

三、仿古建筑和静态孤立的保护方法

（一）仿古建筑

视历史文化为摇钱树，盲目发展的仿古建筑造成文化景观的混乱是另一种形式的"建设性破坏"。今日"唐城"竣工，明日"宋城"落成，这里"汉寨"破土，那边"明村"奠基等。据悉，仅曹雪芹笔下的"大观

---

① 详见《新闻晨报》2002 年 2 月 25 日《江苏省人大代表提交议案质疑南京城建败笔》。

园"在华东地区就一下冒出了 7 座，而吴承恩笔下诸如"西游记"之类的神话宫，在全国竟有 30 余座①。这些耗资巨大、名目繁多的人造景观，正越来越多地受到经济规律的惩罚，多处已血本无归。

以纯经营为目的，凭空臆造古迹在各地盛行一时，不仅不符合市场经济规律，也背离城市历史文化保护的宗旨。我们决不能以历史文化保护为借口，让仿古建筑大行其道。当然这要和有考证地创造性恢复已毁的历史遗存相区别，也要和以发扬城市历史文化为目的的创造性历史景观的再现相区别，虽然恢复与再现的建筑不具备考古价值，但对于恢复城市的历史记忆、增强历史建筑群的完整性有重要意义。例如：苏州寒山寺普明宝塔的重建、杭州雷峰塔的重建等。

（二）片面孤立的保护

片面孤立的保护方法，将文物保护单位看作是唯一需要保护的对象，缺乏对整体保护城市历史文化的价值的认识，文物保护单位一旦失去了赖以生存的历史街区、历史环境，其本身的价值将受到很大的损坏，按照这种模式进行的"保护性开发"，从观念上是把历史文化遗产当作城市发展的障碍，其结果是对城市历史文化整体价值的严重破坏，是"建设性破坏"的具有伪装性的表现。如遵义市遵义会议会址建筑所在的历史街区，就按照错误的保护观念，把除了文物保护单位的会址建筑以外，相邻一条街原有的房屋全部拆光，而设计成所谓"民国式"建筑，造成所谓"完整的历史风貌"②，实质上这种做法把这个历史街区原有的历史真实性全部破坏了，降低了其历史价值。

（三）消极静态的保护

20 世纪 80 年代，我国开始了历史文化名城的保护工作，而这一时期

---

① 郑贺山. 人造景观亟待"计划生育"［N］. 城市导报，1999 – 11 – 01.
② 中国新闻网. 遵义会议会址周围历史建筑遭破坏［EB/OL］.［2000 – 08 – 30］. http：//www. chinanews. com/2000 – 08 – 30/26/43900. html.

正是"建设性破坏"开始严重影响城市历史文化保护的时期。"在这种紧急情况下，历史文化名城是作为一种限制性的规定，或者说是一种控制性的措施而诞生的，因而导致我国某些历史文化名城保护规划以一种静态的、消极的方式为主，以划定保护范围，限制建筑高度、体量甚至建筑风格、形式为主要内容。"① 虽然，以今天的眼光来看，这种保护方法仍然是一种基本保护方法，但是，20多年来我国城市建设的实践表明，仅仅依靠这种理想化的静态的保护方法，在城市经济迅猛发展的时代，往往起不到良好的保护效果。保护范围形同虚设，高度控制频繁被突破，究其原因，这里固然有保护立法不健全、执法不严的因素，也有制定保护规划本身研究不足、控制规定缺乏弹性、保护方法过于单一等因素。静态的、消极的保护方法在保护区内的保护效果已经十分令人担心，其对于在城市其他历史街区、历史地段和新区建设中保护场所的历史精神、延续和发扬城市特色就更加缺乏指导作用。

对城市历史文化遗产的破坏有两个主要因素：自然的因素和人为的破坏。在经济建设迅猛发展的时代，建设性的破坏是最主要的。建设和发展是城市化、现代化的必由之路，关键在于如何处理好保护与发展的关系，从而防止和减少"建设性破坏"，在城市的发展建设中，给传统文化注入新的生命，延续并发展城市特色。

第二节　城市发展中的历史文化保护对策纲要

一、发展的含义

在经济学中，发展是指以经济增长为基础的社会、政治、经济、文化

---

① 张松. 历史城市保护学导论［M］. 上海：上海科学技术出版社，2020.

等结构、体制的演进和变革。20 世纪五六十年代，经济学家们将"增长"和"发展"两个概念区分开，认为增长是发展的基础，发展是增长的目的，没有增长就没有发展，发展不仅局限于经济增长，其核心是人的发展。经济的发展是社会进步的根本动力。唯物辩证法指出：世界发展的不可逆性决定了事物发展的方向性，发展和变化是物质存在的方式。作为人类社会文明结晶的城市也不例外。城市的产生是社会发展到一定阶段的产物，它的发展变化是社会进步的具体表现。当今的城市发展变化应当体现对人的关怀，兼顾现代化与城市历史文化保护，这也是当代城市先进性的评价标准。

二、从对立到共生——城市发展与历史文化保护的关系

（一）城市发展与历史文化保护的对立

在社会变革和经济迅速增长时期，城市历史文化遗产的保护往往被忽视或被视为城市发展的障碍。这种情况在城市的发展中屡见不鲜，它的出现有着其深刻的政治及经济背景。我国封建王朝在改朝换代时大多把前朝的建筑与城市加以毁灭性地破坏，"革故鼎新"而重新建设，以期江山永固。欧洲工业革命以后，近代机器工业的迅速崛起引发了城市结构的深刻变化。这一时期的旧城改造鲜明地反映了新的社会需求对城市发展的影响。如 1666 年，克里斯托弗·仑（Christopher Wren）的重建伦敦规划，采用古典主义形式大刀阔斧地改造原有城市道路和空间结构，但未考虑结合城市历史现状和地形条件发展城市。而 19 世纪在欧洲影响广泛的巴黎奥斯曼（Haussmann）改建，出于政治目的和城市功能的要求，以改善城市交通为主要目的，完成了巴黎的"大十字"干道和两个环形道路，拓宽了城市街道并且以这些道路结构为依托进行大量拆建。由于当时对街道宽度和两旁建筑高度及屋顶形式都作了严格的规定，所以形成了今日巴黎城市结构清晰、轴线壮丽的都市形象，如今，这种城市空间结构已成为被保

护的对象和现代城市发展的依据。我们在赞美奥斯曼的巴黎改建给城市发展提供了一个广阔的平台、促进城市近代化的同时，也应该注意到奥斯曼在改建中对城市历史文化的轻视和破坏：他仅保留了最重要的纪念建筑，并把它们隔离起来，作为街道的对景；在拆毁了许多旧区的同时，他去除了杂乱无章的因素，以整齐、准确、几何而固定的轮廓取而代之，这样也破坏了城市原有的肌理和空间结构的多样性，使壮丽的帝国都市多少会给人单调、死板的感觉。

20世纪初，欧洲各国相继进入空前繁荣的工业化时期，出现了崇拜机器、技术至上的思潮，工业客体取代了古典的自然主义，历史的连续性由此断裂。城市规划与建筑设计也受到了影响，历史不再是可借鉴的对象，相反，由于城市迅速发展而显得不合时宜的城市历史中心、历史街区成为被改造与更新的主要目标，而强调城市保护则被视为思想僵化、跟不上时代潮流。其中对现代城市建设影响最为深远的人物当首推现代建筑运动的先驱——柯布西埃（Corbusier）。他反对在郊外建立新区的设想，认为在当时机器进步的时代，解决城市扩张、市中心拥挤、功能结构老化问题的根本做法是在城市历史中心实施大规模的"外科手术"，并且认为历史文化保护必须为城市发展让路。他从奥斯曼改建中，获取灵感和实践可能性的有力证据——应该"毫不吝惜"地拆毁巴黎市，建立起朝气蓬勃、反映时代精神的摩天大楼和立体交通体系。这一规划设想最终未能在巴黎实现，否则巴黎城市中心将失去今日独有的文化魅力。事实证明柯氏后来实现的印度昌迪加尔城规划，以及按其规划思想由科斯塔（Costa）完成的巴西利亚总体规划，由于抛弃城市的历史文化传统与空间形态，过分追求形式，使城市不再具有多样复杂的环境，成为只适合汽车尺度、缺乏亲切宜人城市空间的冷漠怪物。

值得思考的是，在我国城市发展迅速的今天，许多历史地段的旧区改造中，大规模拆建并不新鲜，随之而起的是冲天高楼，多少历史古迹，难以幸免。我们是否想过，今日的建设会成为将来建设的依据和被保护的对象，亦或成为未来发展的障碍。人们需要蓝天、白云和碧水，也需要历史的延续和精神的归属。柯氏"阳光城市"的现代城市建设定律几乎在 20 世纪六七十年代的欧洲绝迹，而在 21 世纪初的中国，还正在大行其道。我们不禁要问：柯氏的定律是否是我们城市建设的唯一法宝？在蓬勃发展的经济浪潮中，城市的历史文化如何得以延续和发扬？

（二）兼顾发展与保护，在发展中探索保护之路

20 世纪 50 年代，随着西方资本主义社会经济与技术的进一步发展，西方国家向后工业社会、信息社会发展，人们开始反思早期工业社会的城市建设给人类带来的不良影响，总结现代建筑运动和物质决定论的规划模式给城市发展带来的伤害，并思考如何在发展中保护城市历史文化。20 世纪六七十年代以来，城市历史文化遗产的保护已逐渐为世界所公认，成为代表城市先进性的原则之一。

三、影响我国城市历史文化保护的主要因素

城市历史文化保护是一个综合复杂的工程，它涉及城市政治、经济、社会等诸多方面的因素。目前，在我国城市迅猛发展的大背景下，必须综合联系社会效益、经济效益、环境效益，考虑城市历史文化保护的问题，这样才能找到切实有效的理论和对策。

（一）政策因素

公共政策的制定与政府干预是影响城市发展方向至关重要的因素。由于我国城市历史中心区多年缺少有机的更新改造，1978 年以前只是在"充分利用"的原则指导下，进行一些修补性的城市建设，以致历史城区大多建筑质量较差，人口密度过高，市政设施不堪重负，难以适应目前城市迅速发展的需要和改善市民生活质量的要求，政府面临着旧城改造的巨大压力。于是，在经济高速增长的时期，大规模拆建成为旧区改造的主要方法。与此同时，城市保护规划偏重于文物建筑静态保护，难以适应城市

迅速发展的要求，结果起不到真正的保护效果。

（二）经济因素

随着我国市场经济的逐步建立，城市土地的有偿使用、房地产业的蓬勃发展，以重新分配土地价值为根本动因的城市再开发，使得原有城市历史中心、历史地段的再开发有利可图。原有城市历史中心、历史地段由于区位好、容积率低，成为开发的主要对象。许多开发项目只顾局部的眼前利益，城市保护意识淡薄，而以简单粗暴的推倒重建的方式，以现代化的高楼大厦取代旧的城市肌理，在大兴土木的同时，任意改动甚至拆除历史建筑，严重破坏了城市的空间结构，使城市景观突变，环境质量下降，城市特色丧失。

（三）社会因素

城市产业结构的调整、用地结构的转换，会造成人口结构的变化。城市历史中心、历史地段的大规模开发使得传统的居住结构被破坏，造成大规模的居民向城市外围动迁，居民在改善居住条件的同时，丧失了居住于城市中心的便利条件，增加了出行的难度及费用。由此带来社会心理失衡、社会矛盾增加等问题。而新建的城市形态，由于缺乏文化内涵而不具备认同感、归属感。城市的多样性受到破坏。在旧城改建中，如何保护和发扬传统的城市形态，维护社会网络及居住人口的多样性是城市保护的重要课题。

四、为什么要从城市设计的角度研究历史文化的保护

现代城市设计是以提高城市的生活环境品质为目标，在城市发展总体政策框架指导下，综合组织城市各种功能，关注城市的历史文脉及有意义的场所文化精神的重塑，以城市形体空间为研究对象，对城市局部地区所进行的阶段性的整合设计。从城市设计的角度研究城市历史文化保护有以

下几个原因：一是城市发展中保护城市历史文化的要求；二是城市历史文化保护本身实践和发展的要求。

（一）城市发展中保护城市历史文化的要求

20世纪60年代，现代城市设计学科首先在美国产生，这正是西方发达国家在实践大规模"推倒重建"式的城市更新模式失败后，提出的一种新的城市建设的观念和设计方法。城市建设发展思路从注重以满足社会化的人的需求为目的所进行的大规模物质产品生产型的城市建设，转向以满足个性化的人的物质及精神生活需求的小规模渐进式的城市更新改造模式。

"建设性破坏"是城市历史文化保护的最主要的矛盾，但是，现代城市的建设发展不应该也不会因此而停止，相反，我们还要抓紧发展的机遇，努力保持经济持续稳定的高速增长，在我国大规模的城市开发建设短期内不会有较大的改变。现代城市的历史街区改造需要综合解决城市的历史文化保护和城市的功能布局调整、现代城市交通、市政设施以及三维城市形态创造等诸多问题，绝不是简单地保护几幢历史建筑的问题。现代城市的发展需要从城市设计的角度，研究多种模式的城市历史文化保护方法，并且使之与城市发展规律相适应，以取得城市发展和历史文化保护的和谐与互动。例如，上海于1991年7月编制的《保护规划》，提出了人民广场优秀近代建筑风貌保护区的范围，除了要保护国际饭店、沐恩堂等11处上海市文物保护单位的优秀近代建筑外，还提出了十分严格的控制建筑高度的目标：要求保护好原有国际饭店等历史性建筑轮廓线，沿南京西路（西藏中路至新昌路）一切新建和改建的建筑物高度，不得超过上海市体育运动委员会大楼，以保持国际饭店在该建筑群的主体地位；沿西藏中路（南京东路至福州路）的新建和改建的建筑物的高度不应超过教堂钟楼的高度。今天，这些建筑高度控制的理想，早已被一幢幢高层建筑的迅速崛起而打破。这说明，历史文化保护缺乏有效的法律保障和监督机制，同时也反映出，保护目标的制定，缺乏对城市发展的研究和与之相适应的多模式城市设计方法的研究，即保护方法适应城市发展的研究。人民广场地区是上海市中心土地价值最高的地区之一，在当前我国城市大发展的前提下，简单地制定一个建筑高度或容积率的限制，拒绝现代化高层、超高层建筑的出现是不切实际的，但是，这并不意味着放弃对城市原有的具有特色的天际线的保护，我们可以通过城市设计进行综合平衡、整体开发的研究，在保护重要历史性建筑，保持原有沿街高度控制的前提下，允许将高强度的城市开发地块放在沿街历史性建筑群的后面，用新的背景衬托出历史的天际线，形成双重天际线的效果。大连中山广场是双重天际线城市设计的实例，可以被看作是解决类似问题的一种参考。现代城市设计是以城市局部地区的整体开发为主要研究对象，以城市各功能组织要素的系统整合以及塑造有意味的、和历史相关联的城市形态为主要手段。因此，运用城市设计的方法研究历史文化保护问题是在城市发展中探讨历史文化保护的必然趋势。此外，就城市发展中的历史文化保护而言，城市设计不仅注重研究城市历史街区的复兴和成片旧区改造，也需要研究在社区建设、新区开发中，在创造新的空间秩序的同时，使城市特色得到保护和延续的问题。这是在更广阔的城市发展的背景下，研究历史文化保护所必须考虑的问题。

（二）城市历史文化保护本身实践和发展的要求

城市历史文化保护本身的实践和发展推动保护认识的不断深入、保护方法的不断进步。今天，城市设计的历史文化保护研究方法已经成为继建筑学的研究方法、城市规划的研究方法之后，又一种重要的研究方法，是前两种研究方法的补充和发展。

1. 城市历史文化保护的建筑学的研究方法

近代城市历史文化保护运动，起源于 19 世纪中叶法国的文物修复运动。值得注意的是，修复的注意力从一开始就集中于一些特别重要的、个别的、史书记载具有很高艺术价值的建筑物。文物修复运动经过多年的实践和发展，形成了城市历史文化保护的建筑学的研究方法。这种研究方法主要以文物建筑为研究对象，以保存、修复为主要目的，使文物建筑得以焕发出持续活力。1993 年在俄罗斯成立了世界第一所文物修复科学院。其院长著名文物修复专家普鲁金（O. H. Prutsin）教授认为，修复古建筑的教育应该专门化，不仅要培养专门的修复工程师、建筑师，而且需要进行专门的修复理论研究；并指出 21 世纪的修复事业中，古代传统工艺的建造艺术与技术仍是修复的基本手段之一，并将成为新方法、新材料、新技术的补充。

城市历史文化保护的建筑学的研究方法，注重调查研究，以确实的考古学证据为基础，反对在修复中的主观臆测，只对文物古迹进行必要的加固和修缮。其主要的研究对象是文物建筑及其历史环境，并以科学的保护技术为主要手段，如古建筑结构加固技术、材料防腐技术等。其当今的发展趋势也从单体的文物建筑的修复转向历史街区及历史环境的修复。

2. 城市历史文化保护的城市规划的研究方法

城市规划是在建筑学领域中逐步形成、发展而后分离出来的一门独立学科。用城市规划的方法研究城市历史文化保护的问题，是继建筑学的研究方法之后，随着人们对保护城市历史文化的认识不断深入、保护对象的范围不断扩大而形成的较为宏观系统的保护方法。

进入 20 世纪后，在城市历史文化保护领域对历史建筑及其环境的保护已成为保护工作的重点，保护对象从文物建筑扩展到文物建筑及其周围环境，继而扩展到整个历史街区。

"规划本质上是一种有组织的、有意识的和连续的尝试，以选择最佳的方法来达到特定的目标。"[1] 规划的基本特征是它对未来有目的的导向性和控制性。就城市历史文化保护这一具体的问题而言，城市规划通过对城市空间赖以形成的二维物质基础——城市土地使用的控制与分配，建立

---

[1] 孙施文. 城市规划哲学［M］. 北京：中国建筑工业出版社，1997.

保护对策，协调城市系统各要素在被保护地区的关系，以取得保护和城市发展的平衡，从而达到保护城市历史文化的社会目标。在我国，1982 年公布了首批 24 个国家历史文化名城，正式提出了"历史文化名城"的概念，促使城市历史文化保护工作同城市规划相结合①。在宏观层次上，名城的总体规划从城市发展的整体出发，在确定城市性质和发展战略的同时，为城市历史文化保护制定总的方针政策。综合考虑城市历史文化保护的因素，在总体规划中合理确定城市发展方向、总体布局，控制并调整人口规模，统筹安排城市各项建设用地，防止建设性破坏。历史文化名城保护规划从性质上说是属于城市总体规划范畴的专项规划之一，从总体上研究城市特色、历史文化遗产的状况，建立保护的整体框架，强调城市整体空间的保护。具体做法是根据不同的城市规模及特点，划定不同的保护区，制定保护规划。目前，我国城市历史文化保护规划一般采用分级保护的原则，如绝对保护区（一级保护区）、建设控制区（二级保护区）、环境协调区（三级保护区）。

3. 历史文化保护的城市设计的研究方法和基本原则

20 世纪七八十年代，在世界范围内兴起了城市历史文化保护的高潮，欧洲有关城市整体保护的概念，在这一时期也逐渐成熟起来。人们从城市环境保护、生态保护的城市可持续发展的角度重新审视城市历史文化保护的内涵，保护的对象不仅涉及历史文物建筑，而且也包含设计优秀的当代建筑。与此同时，对历史产业类建筑的改造和再利用也成为人们关注的重要对象。

历史文化保护的城市设计的研究方法，作为建筑学和城市规划保护方法的完善和发展，不仅关注历史建筑保护与修复，而且更加强调历史建筑的再利用和在城市发展中历史文化的发扬，其研究范围不仅局限于被划定的城市历史保护区，而且涉及城市旧区改造和新区建设中场所文

---

① 学习强国 . 1982 年 2 月，经国务院批准，我国 24 个由重大历史价值和革命意义的城市，2021 年 11 月 18 日。

化精神的重建和城市特色的延续和发扬等问题，是城市设计又一个主要研究课题。

现代城市设计从一开始就以提高城市的生活环境品质为目标，关注城市的历史文脉及有意义的场所文化精神的重塑。城市设计是当建筑进一步城市化，城市空间更丰富多样化时对人类新空间秩序的一种创造。根据阿普莱亚德（Appleyard）的分类方法，城市设计可分为三种类型：开发型城市设计、保护型城市设计及社区型城市设计。当然，任何城市设计的目标应该是上述三种价值取向的结合，分类则表明在城市设计中根据具体情况，目标侧重有所不同。开发型设计（development design）：以较大规模的城市开发为背景，以新建项目为主，目标是创造新的空间秩序，从而带动一个地区的经济振兴；保护型设计（conservation design）：以城市历史街区的复兴和成片旧区改造为背景，以保护和发扬城市历史文化为主要目标，保护、改建、新建相结合，以使城市特色得到保护和延续；社区型设计（community design）：以社区更新为背景，并非完全以发展为取向，而是以社区为导向，以改善社区环境为目标，是伴随着20世纪60年代社区运动、邻里运动而开始的。

尽管上述三种类型城市设计价值取向各有侧重，但是研究城市历史文化保护与城市整体开发的关系始终是当代城市设计的基本线索，其基本观点是在城市中建造城市，这意味着设计必须尊重已存在的城市历史文化遗产。在保护好城市历史文化的同时，创造性地延续城市的文化和城市特色，其基本目标和原则是在城市原有环境创造中的一种再创造——立足保护，注重发扬。这首先意味着以保护和发展的关系为研究的着眼点，在深层次上努力使文化成为城市发展的根本动力；同时也意味着注重时间和空间的关联，我们始终处在过去与未来的结合点上，城市设计必须面对不断变化的市场和投资者，使我们目前的创造能成为未来创造的依托。

创造是一个复杂的过程。我国的经济增长迅速，城市建设日新月异，城市近期发展目标有许多不确定的因素。面对整体的城市开发，城市设计在研究保护与发展的关系时，必须考虑市场因素，针对近期的城市发展目标，以城市规划为指导，整合城市的各项功能，从保护和发展的角度出发，创造出具有鲜明时代特征的生活活动的场所，从而达到提高和改善城市空间环境品质的根本目标。这也是本书选择从城市设计的角度去研究城市历史文化保护的原因。

五、城市设计的历史文化保护与发扬的对策

（一）制定合理的城市设计政策法规，引导和控制城市开发

现代发达国家的城市更新模式已由急剧突发式的大规模开发转向谨慎渐进式小规模的更新改造。然而，与此相反的是，我国正处于经济高速增长时期，大规模开发建设仍然是城市更新的主要模式。因此，有必要在迅速发展的背景下通过制定科学的政策法规，加强引导和控制城市开发，从根本上控制城市的空间形态的发展，为保护历史建筑和街区提供一个现实的、可操作的平台。

在城市的发展建设过程中，政府制定的公共政策对于城市环境的改变都扮演着十分重要的角色。从欧美各国的城市历史文化保护的经验我们可以看出，严格的城市建设的法规和政府强有力的干预是城市历史文化保护的基本保证。例如，巴黎市至今仍然保持着宜人的城市尺度和街道空间，城市历史中心罕见现代高层建筑，应该归功于在城市建设中持续地、严格地执行各种建设控制规范，其中限制建筑高度的技术规定，可追溯到18世纪，并且在200多年的城市发展过程中，控制沿街新建筑高度的原则一直没有改变。而英国，在撒切尔（Thatcher）夫人在位时期，由于政府对城市土地市场投机行为限制的放松，导致私人开发商以追求经济利益为目的盲目地、见缝插针式地开发，破坏了城市历史文化的整体性。然而，有效的控制必须和正确的引导相结合，才能在城市经济高速增长时期，在不回避大容量开发建设的情况下，取得保护和发展的双赢。这里，我们可以

借鉴美国城市控制土地开发有关的"发展权转移"的政策法规：在城市历史中心区，为避免有价值的历史建筑被拆除或原有城市功能受破坏，划定禁止开发和有条件开发的街区，将禁止开发街区按原有分区规划所应该享有的"发展权""转移"到邻近地段或功能相关联的地段，对"收受地段"在容积率上给予一定的补偿，这样既可以鼓励开发，又可以保护城市的历史建筑和历史文化的延续。

"发展权转移"的方法以保护城市历史文化为出发点，综合考虑社会效益、经济效益、环境效益，兼顾保护与发展，在我国城市更新面临高强度开发的情况下，是值得在实践中尝试运用的。但是，"发展权转移"的方法并不是十全十美、放之四海而皆准的，如果不深入研究就简单运用，也可能因小失大，使得过度开发成为当然，失去保护的初衷。

众所周知的上海"新天地"的保护就其本身来说是很成功的，然而，"新天地"的保护范围不到 2 公顷，而整个太平桥地区范围约 52 公顷，将面临高强度的开发建设，初步拟建总建筑面积已达 100 多万平方米。"新天地"保护开发是以更大片拆除原有城市肌理为前提，这样的平衡方法值得商榷。"发展权转移"的方法必须以统一的保护规划及城市设计为依托，深入调查研究，确定保护范围、平衡范围及容积率，采用"就地平衡""邻接平衡""关联平衡"等多种手段，引导开发，最大限度地保护并延续城市的历史文脉。

（二）注重城市总体特色的保护与发扬

原有的城市结构在客观上是城市发展的基础，具有一定的稳定性和发展的惰性，而保护城市历史文化遗产、延续和发扬城市历史文化及城市特色，则需要政府、建筑师、规划师、开发商及社会各界的共同努力。一个城市的总体特色，是城市物质形态的外部显现所给人的总体印象，是城市的外部形式和意象。对于城市设计的保护而言，重点是保护城市的天际轮廓线及整体结构的可识别性，依托原有的城市空间结构，将历史的要素融入现代城市开发。巴黎德方斯新区的建设就是一个很好的例子：依托城市原有的古老轴线，德方斯新区选址于巴黎市西侧，与旧城区分开，有助于保护历史城区免受现代商业开发的摧残，而城市轴线的延伸使新区和旧区成为一个整体。在这条壮丽的城市景观轴线上，古老的卢浮宫、凯旋门与现代的德方斯拱门相互呼应、相得益彰，而连接新老城区的快速轨道交通和汽车交通使得现代城市的特征——流动、开放、快节奏被纳入到巴黎这座历史悠久的城市中。德方斯新区的建设强调并且发展了城市的轴线，使城市的发展加入了历史文化的推动力。

在研究新区的建设的决策过程中，城市设计不仅注重新老城区的区位关系，而且更强调新老城区的关联，寻找在城市空间形态、城市功能、交通组织等方面的过渡体和关联轴线。以历史推动发展，以发展营造新的历史感。

（三）注重城市历史地段的保护和场所文化精神的发扬

在旧城改造与新城建设中，场所文化精神的保护是城市设计的重要方法之一。对于城市历史文化保护而言，所谓突显特色就是发扬场所的历史感和这种历史感所代表的城市精神。城市设计强调的是，在历史的空间中加入现代的因素，通过历史和现代的对比或协调，达到发扬城市文化特色的目的，而不仅仅是历史地段环境的修复和整治。诺伯格·舒尔茨（C. Norberg Schulz）指出："场所表达了建筑对真理的分享，场所是人类定居的具体表现，其自我的认同在于对场所的归属感。场所文化精神依靠建筑和清晰的空间而形象化。"[①] 场所文化精神的保护，意味着在城市物质开发中，要加入历史文化的属性，发掘城市的文化特色，并物化为具体的空间形态和建筑的类型语言，运用到具体的实际操作之中，注重对城市历史文化的发扬。凯文·林奇（Kevin Lynch）从人对城市的认知和感

---

① ［挪］诺伯·舒兹. 场所精神——迈向建筑现象学［M］. 施植明，译. 武汉：华中科技大学出版社，2010.

受出发，认为城市设计是一种时间的艺术，并指出："假如我们把保护历史当作一个感受的问题，作为一种丰富我们的时间概念的方法，那么该运动的某些令人困惑的矛盾之处就会烟消云散。我们保护旧事物，既不是为了它自身缘故，也不像堂·吉诃德（Don Quijote）那样企图阻止变化，而是为了更好地传达某种历史感。这因而暗含了对变化的赞誉，以及对伴随历史的价值观冲突的褒扬。它意味着将历史进程与当前的变化及价值相联系，而不是企图使它们相脱离。"① 场所文化精神的保护意味着在保护好文物建筑及其历史地段环境的真实性的同时，在旧城改造与新城建设中，我们可以运用现代的设计方法，创造出具有历史认同感和现代化的城市空间环境，给历史地区注入活力并体现时代精神。

（四）在具体操作中寻求多种保护和更新利用的方法

城市的历史文化是在不断地发展变化的，在城市历史中心、历史街区的保护与更新中，必须汲取新的现代的要素；城市中的历史建筑不仅是单纯的参照物，它们必须被注入新的价值，使之充满活力。在具体操作中寻求多种保护的方法是城市历史文化遗产多样性和丰富性的要求，也是现实城市生活多样性的要求。例如，对现存文物建筑的保护，应该遵循绝对保护的原则，"修旧如旧"，使其"历久常新"，注重历史信息的真实保存；对于个别已遭严重破坏或现在已经不存在的历史性建筑或遗迹，可视具体情况恢复重建，也可以移建，但是这有别于为了纯经济目的而建造的仿古建筑，而是以严格的考古资料为基础的重建，重树街区的场所文化精神，恢复城市的集体记忆。

而对于一般的历史性建筑、建筑群及其环境的保护，应该在保护和发扬场所文化精神原则的指导下，寻求多模式的保护方法。历史街区中新建的建筑，既要尊重原有环境，又不能简单模仿，要寻求和历史对话的"语言"，采用"调和协调"和"对比协调"等方法，使现代要素或融入历史

---

① ［美］凯文·林奇. 城市意象［M］. 北京：华夏出版社，2001：74－82.

环境，或能相映生辉，共同向人们展示城市历史文化发展的积淀过程。此外，要充分发掘历史性建筑的使用价值，进行功能转换，赋予历史建筑以新的内涵，恰当地使用是当今历史性建筑特别是历史产业类建筑再利用所广泛采用的模式。

第二章

空间形态的演变

第一节　空间形态的概念与空间形态重塑

一、空间形态的概念

"建筑空间是由建筑各个界面围合而成的领域，是从自然空间中分离出来的，具有相对的独立性。"[①] 人们对于"建筑空间"的认识经历了一个长期的发展过程，空间在建筑发展中的概念大致经历了三个阶段：第一阶段是由建筑单体主导的空间构成，这一阶段的空间概念仅存于外部；第二阶段是到 19 世纪初，德国的美学家们开始使用"空间"这一术语，人们普遍认为建筑是为生活和生产提供的内部空间，这一阶段的建筑空间更趋于是一种"容器"，更强调空间的围合性，与外部空间区分开来；第三阶段是在近现代，人们开始发现各种看不见的"空间"，具有内外交融的属性，建筑空间的概念逐步被完整地提出。

---

① 毛白滔. 建筑空间解析［M］. 北京：高等教育出版社，2009.

　　建筑的空间形态，可以理解为由建筑实体、构筑物、内装饰以及陈设等建筑空间中的诸多要素构成的具体物象及其体现的精神面貌共同作用的集合。建筑作为人为的产物，决定了建筑的空间形态是主观性和客观性双重属性的结合，与人类的政治、经济和科学技术的发展状况紧密联系，具有文化内涵和社会意义。根据上文中对于有价值闲置空间界定的探讨可知，我国以闲置空间资源特性为导向的空间再生，其建筑空间形态的主导因素主要包括时代特征因素、人文精神和场所感因素、地域风格和风俗因素、建筑功能因素和空间造型因素等。

二、空间形态的重塑

　　我国闲置空间的再生和文化创意产业的进驻，是通过对闲置空间的维护、改建或扩建，空间元素的具体形态进行重新调整，努力实现闲置空间在再生过程中各种影响要素叠加作用的最优解。空间形态的演变并不一定是闲置空间再生的最终目标，但可以看作是空间重塑的自然结果。

　　空间形态的重塑，首先要注重历史文脉的传承和场所文化精神的维护。历史文脉和场所文化精神是空间形态的灵魂，是社会文明的烙印，是空间的自然属性和永恒特性与人类社会活动结合的体现，是自然与人文共生的结果，影响着空间形态带给人们的直观感受。历史文脉和场所文化精神是人们在反复活动后的记忆和情感中形成的概念，营造了闲置空间各种各样特有的环境氛围，注重历史文脉的传承和场所文化精神的维护，是对过去的追忆和对文化的尊重与认同。闲置空间的再生，打破了原有的认知法则，融合了当下的文化符号，其空间形态的重塑需要通过重视传承历史文脉和维护场所文化精神建立人们的认知共鸣。

　　其次要注重旧空间的美学价值挖掘。旧空间经过时间的洗礼，一般都具有特殊的美学价值，直观或间接地体现于空间中各种元素符号上，多使建筑本身具有鲜明的个性特征。闲置空间再生中，空间形态的重塑需要挖掘旧空间的美学价值，融合原有空间的元素符号，重塑的是形态，不变的是精神。

再次是要重视对时代气息的保存和运用。各个时期的建筑具有不同的时代特征和精神风貌。时代精神由大众创造，通过各种渠道在受众中传播，为人们的思想打上时代的烙印。而社会的信息化又使人们传递思想文化和文明成果的速度越来越快，途径越来越开放。闲置空间的再生是新旧共生的产物，容纳着不同时期的时代信息，空间形态中各种充满时代气息的元素符号的保存和运用，都对空间产生作用，在保存时代氛围的同时，孕育着新的生机。

最后是要重视多种空间模式的组合。闲置空间是人们曾经生活和工作的场所，是当时生活环境和生产力的体现，原有使用功能的不彰迫使空间走向转型，空间形态重塑问题是对其进行物质改造的第一步，要调整原有的、较为单一的空间模式，通过维护、改建或者扩建的方式，转向多种空间关系并存的模式，以利于继续使用。

第二节　空间形态重塑的表现

一、客观写实

客观写实的表现手法，是指闲置建筑在空间重塑时尽可能少地带有个人的主观性判断，尽量尊重原有空间形式的遗存，遵循"不掩饰、不美化、不做人为雕砌"的基本原则和方法，以严格认真、精细维护的"写实"态度和白描手法来表现闲置空间的一切。闲置空间形态重塑中客观写实的表现手法让改变后的建筑不会变"质"，"强调细节和局部的真实性和可信性，以最大的可能性还原真实场景"，并且在写实手法中适当且有限地融入一些想象和夸张的元素。

首先，要呈现历史的原生态，还原建筑空间的原相，强调细节和局部的真实性和可信性。客观写实是要准确地描绘客观真实，是要照实还原闲置空间的本来面目，强调旧建筑所特有的"旧"的价值证据。例如，中国台湾地区著名建筑师登琨艳于 1997 年在上海苏州河沿岸租用了建于 1933 年杜月笙旧宅中艺术装饰（Art Deco）中期风格的砖木结构老粮库，作为他的建筑设计事务所。登琨艳正是在尊重原建筑及周边生态环境、力求还原建筑空间原相的改造原则下，对老仓库力求不着痕迹地用心改善，才获得了各界的认可，并最终获颁"联合国教科文组织文化遗产保护奖"，也因此产生了积极影响。又如上海田子坊中，画家陈逸飞生前的工作室，也保留了建筑本身古朴凝重的特征，休息室内的壁炉还照常生火；而摄影家尔冬强的"汉源文化"中心房顶原有的两台吊车也还能照常启动，保留着后工业革命时留下的痕迹。

有的闲置空间建筑肌体上保留着曾经被破坏过的印记，有的甚至镌刻着特殊的时代标语，这些痕迹随着时间的推移变成了闲置空间留存的特殊标志，是具体的物象，而闲置空间的客观真实感则成为一种意象，影响着人们的认知，"'意'通过'象'得以表达"并被人们所感知，在人们心中建立起对闲置空间的客观印象。

其次，在客观写实手法中也可以适当融入一些夸张和想象元素，元素的使用也是为了强调闲置空间原相的真实性。例如，北京 798 艺术区有一座高达 50 米的大烟囱，是厂区原有的保留元素之一，改建时大烟囱被做了简单的涂装，增添了一些构筑物，并进行了一些艺术处理，这强化了大烟囱本身的地位，使其最终成为 798 艺术区的标志性构筑物。如今，大烟囱已经被人们视为 798 艺术区的地标性建筑，经常吸引游人留影，展现着它的存在价值。

二、主观写意

在艺术创作中，写实和写意是不同的艺术手法，处在两个相对的美学范畴。写实手法源于西方的艺术创作思想，而写意则是中国艺术创作的基调，主要表现为在艺术创作中求神似而不求形似，不拘泥于通过事物固有的形态来体现事物内涵的精神状态。

在空间重塑中，具象的闲置建筑给人以直观和真实的感受，而抽象的元素又带给信息接收者想象的空间，具象和抽象的虚实搭配使空间主题和空间形象更加生动。闲置建筑的空间形态重塑中主观写意的手法多用在建筑的加建部分和陈设设计部分，对原有建筑符号的特点进行吸纳，在改建或重建的过程中加以应用，是对闲置空间原有精神的再造和延伸，强调历史传承中文脉的连续性和场所文化精神。

成都宽窄巷子里有一段东西朝向的墙体，是以砖垒砌出台、城、墙、壁、道、碑、门、巷的历史文化片段。以羊子山土坯砖、秦砖、汉砖、唐砖、宋砖、明砖、清砖、火砖、七孔砖、民国砖、水泥砖、瓷砖等，呈现千年古成都、百年老宽窄巷的面貌。整段砖墙分为三个篇章：从宝墩古城、金沙竹泥、羊子土坯、秦筑城廓、汉砖遗风、唐建罗城、宋砖古道、明末毁城等几大内容讲述"历史的背影"；从满城残阳、保路砖碑、法楼窗棂、皇城残影、万岁展馆等几大内容讲述"历史的直面"：从宽窄回眸、夹道洗刷、公馆封门、街沿斗鸟、杂院堆藏、天井搓牌、砖门喝茶、土墙鸡啄、砖混龙笆、半巷刨饭、窄巷水肉、宽巷暖烘烘等几大内容讲述"历史的表情"。历代古砖、近代老砖和现代新旧砖相结合，其中的残断、印痕、斑迹，以独特的装置、垒砌、陈列与历代地图、图像、图景嵌合并置，以此记录成都的历史文化。

宽窄巷子的这段砖墙长约 400 米，是用垒砌和展示历代砖和砖的砌法为一体的二维半片墙建筑，嵌入于宽窄巷子中，在设计上秉承了"修旧如旧、修旧如故""不求当时原物长存"的理念，挪动、保存、利用、养护传统土木民居建筑，展示了百年来的变迁、变革和变化过程。宽窄巷子空间形态重塑中，这段砖墙的创作是成都兴废交替的建筑史的展示，是老城历史的承载，成为国内唯一的墙体"砖"历史文化博物馆。

三、夸张变形

夸张变形的表现手法，是以客观现实为基础，通过对丰富想象力的运用，有目的地缩小或者放大事物的形象特征，以增强表达效果的创作手法，也叫夸饰或者铺张。夸张的作用在于运用"言过其实"的方法突出事物的本质，强调创作者的某方面感情，烘托气氛，引发信息接收者的联想。恰当的夸张变形手法，可以引发受众产生丰富的想象和强烈的共鸣。

从闲置空间的形态重塑来看，可以分为两个方面。一方面是对建筑本身的扩展，打破原有建筑外观上的中规中矩，通过改造外形和使用新型材料来加强可控性对比，使建筑本身的空间体量得以丰富；另一方面是通过合理使用现代的灯光技术或者现代主义雕塑等点缀性元素，从各个角度烘托空间的气氛，增强人们对再生空间的新奇感。位于上海卢湾区的 8 号桥，在其改造再生中，对原建筑的外形和功能都做了很大的调整：在预留了大量公共空间的同时，在一号楼的立面使用了许多青砖，展现了厚重的传统感；将二号楼的表面设计为格子状，镶嵌了大小不一的玻璃窗，暗示着精彩多元的生活方式；七号楼则用金属丝网来传递轻快活泼的现代感。在保留原有厚重砖墙、林立管道和斑驳地面的同时，8 号桥对大量玻璃门窗、青砖、金属丝网、木质走廊等装饰元素的大胆应用，使所有建筑都呈现出一种别致的、全新的面貌，将凝聚着特有历史底蕴和文化内涵的老厂房变成了激发创意灵感、吸引创意人才、集聚创意产业的时尚载体，变成了现代城市景观的时尚聚集地。

四、象征手法

象征手法是通过具体的形态将人们思想中一些抽象的、潜在的和固有的观念表达出来，多结合带有象征意义的符号进行使用。象征的本体意义和象征意义之间本没有必然的联系，但设计者通过突出描绘本体事物的特征，能够使信息接收者产生由此及彼的联想，从而领悟设计者的用意。此外，还可以根据传统习惯和社会风俗，选取大家熟悉的象征物作为本体来表达特定的意义。例如，黄色象征着权力、红色象征着喜庆、白色象征着哀悼。在闲置空间中往往留有一些历史遗存，从社会层面而言这些遗存也许意义不大，但对于建筑单体来讲却具有唯一性的价值，表现了该建筑的独特性。闲置空间形态重塑中对于象征手法的运用，能够使闲置空间中抽象的物象较为具体化和形象化，使复杂深刻的设计思想较为浅显化和单一化，还可以使空间的意蕴得以延伸，引发人们的想象力，创造艺术意境，增强艺术效果和艺术表现力。

如今位于上海卢湾区的8号桥，聚集了来自各个国家的艺术家和设计师，是一座上海与世界在文化创意和时尚设计方面沟通的桥梁。"8号桥"名字由来于它所坐落的建国中路8号，以及粤语中的"8""发"谐音，取意吉祥；同时，当时在老厂房的空间形态重塑方面，8号桥的每一座建筑物都用显性或者隐性的天桥相连，在实际使用上方便了各座建筑中进驻机构和企业之间的交往走动，促进了不同领域的艺术工作者和各类时尚元素相互碰撞，激发创意和灵感，在内涵上则象征着文化创意的"沟通之桥"。老房和新桥，连接着过去和现在，连接着历史记忆和现代理念，连接着世界各地不同背景、不同风格的文化。8号桥对原有空间形态的重塑和原有建筑功能的重组，是对城市历史文化资源的挖掘和运用，营造了特殊的文化创意价值。

空间形态是空间内外各种因素的综合展现，传递着闲置空间的各种信息。影响空间形态的因素很多，在空间形态重塑的实际操作中，这些因素往往糅合在一起，通过客观写实、主观写意、夸张变形和象征等表现手法的合理运用，共同对空间形态重塑产生作用。此外，因为闲置空间的存在时间往往跨越了不同的历史时期，建筑本身留下了各个时代的印记，我们在努力使再生后的建筑空间兼具当下物质和精神双重需求的同时，还应重视建筑本身的时代特征和场所感价值。闲置空间形态重塑的表现手法运用，不仅要与原有建筑自身的特性相适应，还应该重视对原有建筑精神的尊重、阐述和展示。

第三节　物质形式的贬值与精神内容的 升值：空间形态的演变

本书已对闲置空间的研究范围作出了明确的界定：这些原有阶段性功能已经消失，而目前使用功能不彰，可以有更积极的使用方式或者潜力的闲置空间，既包括拥有历史性人文特征、完整文化风貌或优秀文物古迹的建筑遗产，也包括具有特殊资源特性和场所感的旧厂房、旧仓库、旧码头等建筑空间。二者都是特定历史时期、人类特定生活经历和生产方式的物质表现，都因各自所具有的资源特性而具备再生的潜力和价值，二者在再生中对空间形态的重塑，都是通过融合当代技术和观念，以满足改造转型后建筑使用的需要。在精神经济时代背景下，在闲置空间再生的空间形态演变过程中，二者分别以准精神产品和物质产品的角色，使人类财富中物质形式和精神内容的价值比例发生了变化。

一方面，闲置空间中作为拥有历史性人文特征、完整文化风貌或优秀文物古迹的建筑遗产的这一部分，其建筑实体自身普遍具有纪念性意义，是历史信息和历史事件的载体，具有记录和纪念的性能，代表着人类文明进程中具有历史纪念意义的建成环境，发生于其中的文化现象是时代的见证。黑格尔（Hegel）的历史二元性曾提出：历史既是关于过去，又是对于过去的理解。建筑遗产就是通过自身折射出"历史意义"，而如今的闲置空间改造，正是现代人对历史意义的理解，和对旧建筑再利用的思维转变。建筑遗产的重要之处还在于其能够较为完整地保留建筑文化的历史片段，并以此增强人们对历史文化的解读。所以，建筑遗产的保护和再生需要保持其自身特征，保留其历史文脉价值、美学价值和场所文化精神，重现建筑遗产各个方面的"真实性""完整性"和"可读性"。这不仅仅是演绎历史，也是对人类历史和文明的理解和重塑。

可见，闲置空间中作为拥有历史性人文特征、完整文化风貌或优秀文物古迹的建筑遗产部分，属于准精神产品的范畴，更多地注重历史的原真性保护和历史文本的唯一性保留。在精神经济时代背景下，这部分准精神产品在空间形态演变的过程中，其自身物质载体的相对贬值和精神内容的升值使人类财富的价值比例发生了变化，促使整个社会准精神产品中的物质形式部分所占比例下降，而精神内容部分所占比例上升，引起了精神经济学社会产品的下滑。

另一方面，闲置空间中作为具有特殊资源特性和场所感的旧厂房、旧仓库、旧码头等建筑空间这一部分，以其地理环境、建筑的时代特色或者功能特征以及当地政策与制度等各个方面的资源特性获得保护并实现再生。从建筑的使用目的来考虑，一般是以闲置空间自身的建筑特色为基础实现空间形态的重塑；从建筑的用途来考虑，再生后的建筑空间一般都具有综合的空间特性，空间功能的调整具有较大的灵活性。而在建筑元素的利用和建筑的形式方面，往往融入现代的元素，强化空间形态重塑的亮点，一般具有较强烈的视觉冲击力。在闲置空间中，相较于建筑遗产部分，作为具有特殊资源特性和场所感的旧厂房、旧仓库、旧码头等建筑空间的历史文化价值相对比较贫乏，当下观念中的保护意义相对比较薄弱，作为"既存"价值的成分较小，在确保充分利用其已有价值的基础上，还应努力赋予其更多的"增值"成分。

可见，闲置空间中作为具有特殊资源特性和场所感的旧厂房、旧仓库、旧码头等建筑空间部分，属于物质产品的范畴，更加注重空间形态演变后新空间的创意性再利用等方面。在精神经济时代背景下，这部分闲置空间作为物质产品，在空间形态演变的过程中，同样影响了人类财富的价值比例，产生了自身物质载体的相对贬值和精神内容的升值，促使整个社会物质产品中的物质形式部分所占比例下降，而精神内容部分所占比例上升，引起了精神经济学社会产品的下滑。

第四节 空间形态演变的现状分析

一、在权衡与妥协中兼顾历史空间的保留和文化创意氛围的形成

闲置空间再生的空间形态演变，是在尊重建筑历史的前提下对建筑本体的重塑，是建筑实体本身的"牺牲"和"进化"过程，是历史的形象化体现，客观上保护了历史的存在。"旧"的元素使历史文本与特征得到大量保留，也使建筑内部空间的生活和生产元素，建筑风格和结构样式，以及区域的空间布局等得以保留，有形的建筑遗存与无形的岁月感是对历史的再现，是对历史空间的保存。闲置空间再生中的文化创意产业进驻和集聚，是以不破坏历史、不做多余加法和减法为前提的新功能植入，是在长期而复杂的过程中，在权衡与妥协中兼顾历史空间的保存和文化创意氛围的形成，是使各种文化创意的特征元素在其中不断产生和发展、积累和淘汰，最终形成经得起时代考验的文化积淀和创意成果。

（一）这是求得瓦全的方式之一

我国有许多具有深厚历史文化积淀的闲置空间，在传统文化与创意产业的结合方面具备独有的资源特性。例如位于上海市中心的田子坊、成都市中心的宽窄巷子和位于福州市中心的三坊七巷等，它们自古以来就是传统文化和民间艺术长期居于其中的历史街区，或者是传统手工艺制造业的集散地等，并且长期保留了各种传统节庆活动，吸引了当下各种传统艺术节、文化节和拍卖、会展活动等前往集聚和举办，还有机结合了时尚创意产品的展示和交易，带来了足够的人气，打造文化创意产业的业态，促成了文化创意产业的进驻和集聚。

参与宽窄巷子景观艺术工作的公共艺术家朱成说过："最早的理想是想用一个玻璃盒子把宽窄巷子的过去现在保存起来，像个琥珀一样，做个标本，全部凝固起来。清华大学的设计师们都说这太理想主义了，不可能，他们要商业利用。几万平方米的历史街区，连里面的生活形态都封存起来，这才是城市的一个活标本。"① 带着这样的情绪，朱成还是竭尽心力地参与了宽窄巷子景观艺术的工作过程。宁为瓦全，玉碎已经不能修了，瓦破却要把它修补得很好，尽可能让它完整，在难以求全的妥协中努力弥补和完善。

日渐衰败和遭受忽略的闲置空间，终有一日要与商业化进程和城市化进程相遇，传统元素与现代元素的冲突、碰撞和融合，时常是权宜之计、瓦全之计。闲置空间中的文化创意产业集聚，是创意产业与传统建筑、民风民俗、传统节庆活动以及市民文化生活的共生。面对传统居住生活方式与创意产业经营的冲突、传统民俗活动与创意产业活动的冲突、传统地域文化特色与创意产业国际文化元素的冲突，有效的文化创意产业集聚，在为其带来经济效益的同时，将对其保留和传承产生积极作用。而当下我国闲置空间再生中的文化创意产业集聚，在商业追求和政策受限等各个方面的问题中艰难探索，挫折重重。成都宽窄巷子具有以市民生活片区为背景的街区环境，其当下所采取的原真性保护方式，已经不可避免地带来了很多问题。

（二）对当下频繁采取的原真性保护方式的疑虑

宽窄巷子是成都市三大历史保护区中唯一的以居住建筑为主的市民生活片区，也因此遗留了川西民居、北方胡同建筑以及西洋式建筑等多种民居风格和形式。宽窄巷子的改造定位，本是在历史街区的建筑原真性保护前提下，打造文化创意产品展示与交易的集市，形成集聚效应。如福州三坊七巷，同样也是采取了原真性保护的方式。

以宽窄巷子为例，所谓原真性保护，主要指完整保留宽巷子、窄巷子

---

① 朱成. 关于城市建筑与历史文化街区改造［J］. 中国公共艺术与景观，2010（3）：50.

和井巷子 3 条传统街巷；最大限度地保护传统院落，整治和恢复已经遭受破坏的院落，尽量使整个街区保持清末民初时期的院落形态；以及尽量对院落中的所有建筑细节进行原地原物保存。这不禁令人疑虑：宽窄巷子作为典型的市民生活片区式的历史街区，仅仅是所谓的原真性保护，如何真正延续区域的历史人文性，照顾其文化生态？宽窄巷子所特有的、市民气息的传统文化生活积淀，其真正载体绝不仅仅是那些抽取了真实历史精髓的建筑外壳，而更多的是在这样的硬件环境熏陶下成长起来的一辈人。当历史空间失去了传统的生活方式和习俗，也就失去了"生活的真实性"，这些历史空间在"原真性保护"的声浪中会不会失去原有的历史韵味？

首先是空间形态与人文交流将难以继续维持。原有宽窄巷子的空间形态是门对门的布置方式，这种方式使街巷在作为交通空间的同时，还起到了引导交流的作用。而如今的宽窄巷子过分侧重于街区的原真性保护，将绝大部分住户迁出，住宅转变为创意产品展示和交易的空间，街巷中原有的人文交流韵味基本散失殆尽。而过分侧重于原真性保护的方式，又在削弱邻里关系的同时，强化了商业竞争关系。

其次是文化底蕴难以得到实际的保留，充其量只是一定程度的模仿。如今修缮一新的宽窄巷子，试图在风格、材质、色彩等方面体现"历史风貌"，但是比例过高的新肌体则显然严重削弱了宽窄巷子的历史感和真实感。任何改变原有空间整体文化生态环境的地方，都无法真正留存该地区活性的、动态的文化底蕴。其实际上是对文化风貌的"创造性毁灭"，并且历史遗存、传统文化和民间艺术越是深厚的区域，承受的"毁灭"和痛苦也将越大。更进一步说，在与现代文化创意产业模式结合的前提下，闲置空间在其空间形态演变过程中，其传统文化是否会逐渐产生异变，成为一种新的文化，从而远离了它的本质？"我看这个城市的老建筑越来越少，这个世界是一个动词世界，摧枯拉朽。枯之不存只剩催，朽之不存，只剩拉。"①

① 朱成. 关于城市建筑与历史文化街区改造 [J]. 中国公共艺术与景观, 2010 (3)：66.

二、在尽量恰当的方式中转变传统观念和构建文化认同

我国的闲置空间中具有历史性人文特征、完整文化风貌或优秀文物古迹的建筑遗产部分，因为其自身特有的价值已经能够承担新的功能，能够获得公众的认同，在改造和再生过程中能够较为轻易地被大家接受。而那些旧厂房、旧仓库、旧码头等闲置空间，许多原是用于资源消耗大、污染严重、机械化程度低、不含信息化操作的传统生产工作空间或者如今已经无法适应现实环境需求的落后生活空间，遭受人们的遗弃。这些原本只承担生产功能和落后生活条件的建筑空间能否通过重塑空间形态，担负起文化创意类场所的功能，这需要对闲置空间的自身条件进行科学合理的论证分析，寻求恰当的方式转化功能，转变传统观念和构建文化认同，满足当前社会生活的需要。

文化认同是一种个体被群体文化影响的群体性认同，许多闲置建筑作为过去传统生产工作和落后生活条件的空间，充满过去生产和生活的记忆，参与了社会文明进步的过程，是时代的见证。以恰当的方式对其进行改造，转化建筑形象，重塑空间形态，能够凸显闲置空间的场所感和美学价值，唤起人们对"旧"价值的文化认同和坚持可持续发展精神的社会意识。

（一）文化交流和创意集聚的办公新概念

在全球化背景下，文化创意产业的进驻是闲置空间延续发展脉络、寻求有机更新、提升空间功能和竞争力、实现空间再造的新方式。闲置空间的再生不是单纯的商业地产开发项目，要求商业模式和设计结合到位，空间形象的重塑需要进一步突出主题，强调对主题的完善。闲置空间的改造需要坚持可持续发展的精神，以恰当的方式转变传统观念和构建文化认同。上海8号桥就是一个典型的案例，以文化交流和创意集聚的办公新概念，将原先衰败废弃的空间进行整合改造，有效实现了建筑的"增值"。

近年来，上海8号桥以合适的产业定位、用心的老房改造和周边环境改善以及适宜的租户组合，得到了各方的肯定，成为引领上海办公新概念的文化创意产业园区。

首先，从商业运营的角度来看，8号桥的创意园区定位，包括设计类、公关咨询类和市场策划类等创意型企业，甚至世界500强企业的研发和推广部门等，也均为其潜在目标租户群。这就避免了许多创意园区定位过于单一，结果导致目标企业招标不足，而潜在企业又遭错过的问题。

这样的定位基础影响着8号桥的建设，为了将8号桥建成一个多功能的时尚创作中心，成为国内外文化创意产业交流和推广的平台，I期的改建工程就调整了原有建筑的功能，设置了许多室内、半室内和外部的公共空间，提供了丰富多元的新媒体系统、齐全的视讯设备和周到精致的餐饮服务，不定期举办各种创意作品展示、创意研究性论坛、时尚派对、时装走秀等文化艺术活动和大型综合活动；8号桥I期建筑群的各座楼二层之间以4座天桥连接，入驻的企业之间可以随意地相互走动和交往；区域保留了旧厂房原有的厚重砖墙、林立的管道和斑驳的地面，使整个区域在流露着现代文化气息的同时，保留了工业文明时代的沧桑韵味，建筑风格内外一致并且各具特色，建筑空间艺术化并且兼具实用性。

其次，时尚生活中心集团有限公司在打造位于局门路的8号桥II期和III期时，除了老厂房的内部结构加固、外立面改造和园区绿化生态环境布置之外，还尤其重视园区周边环境的改善。其与政府合作，将该区域的电线杆全部入地，将道路两边的房屋外墙改为统一的法式风情红砖瓦墙，还配合8号桥II期和III期的气质，改进了路灯和行道树的风格。在与政府的良性互动中，8号桥II期和III期完成了为其他许多园区所忽视的、对周边环境的用心改善。使得2005～2011年，8号桥的三个园区共集聚了130多家企业、3000多个就业岗位，税收增长则达到了10倍以上。

最后是8号桥以租户的影响力决定租金的高低，严选合宜的租户组合。同样的位置与面积，企业的影响力和品牌越大，创意资源越丰富，对未来商业的经营方案越倾向于研发、展示和发布，越是有更多开放性活动可在园区内举办，招租的条件也就相应的越低。这样的招租模式，一方面吸引了具有较大影响力租户的共同进驻，有利于创意产业在园区内号召力的形成，另一方面也会吸引更多具有潜力的创意企业进驻，共同打造 8 号桥品牌。8 号桥Ⅰ期从 2004 年底开幕后，到 2005 年就已经满租，吸引了国内外的各种知名室内设计、建筑设计、服装设计、画廊、广告、媒体、影视制作、软件和公关等公司。而 8 号桥Ⅱ期和Ⅲ期，相较于Ⅰ期特别增加了动漫设计行业的租户，现入驻的企业包括由原暴雪公司魔兽世界创作团队创办的 RED5、中国游戏软件开发行业的先行者唯晶科技（WINK-ING）动漫公司和全球著名的建筑师事务所凯达环球（AEDAS）等。

我国闲置空间的再生，普遍遵循着产业的发展模式，从最初对闲置空间资源特性的分析判断和发展定位，到结合时代需求的空间形态重塑和产业发展模式的引入，是一套完整的发展思路。我国闲置空间再生的打造者主要有政府和开发商两大类：政府的首要目的在于创造社会效益，满足人们物质生活和精神文化生活的需要，因此比较重视文化艺术场馆等没有直接资金回报的项目的建设；而开发商的最大价值普遍在于经济效益，相对比较重视能够带来直接经济效益的文化创意产业项目打造。上海 8 号桥文化交流和创意集聚的办公新概念打造，就是在政府和开发商二者的互相协调和互相制约中完成的。

（二）把握时机，以错位的搭配颠覆传统理念

从破旧废弃的旧厂房到如今汇聚大量创意工作室的文化创意产业园区，8 号桥的产生、发展和成功运营，首先取决于其对恰当时机的把握。2002～2003 年，正是上海创意产业逐步兴起的阶段，8 号桥在最合适的时候，为上海这个国际大都市的文化创意产业发展提供了独特的商务空间，迎合了市场的需求。其次是 8 号桥以现代化理念改造工业建筑遗产的闲置空间，在最大程度上保留所有厂房轮廓的基础上改造建筑的外立面和内部功能，以简约实用和时尚前卫为原则，实现旧厂房与新观念的错位搭配，是对传统理念的颠覆——在看似明确的环境里，进行着毫不相关的劳作，

文化创意产业总是这样充满无限的可能性与颠覆性。

上海 8 号桥文化创意产业园区，其最大的意义不仅仅在于建筑本身，还在于它使人们对建筑空间产生了不同于往日的感受，传递着人们对建筑空间不同的需求和意义，并同时带动了上海文化创意产业的时尚潮流。在历经了半个多世纪之后，上海作为国际大都市，其"工业化时代"已经逐渐淡出，成为历史，随着文化创意产业在全球的兴起，8 号桥虽不是惊世骇俗的建筑奇迹，但毫无疑问是上海闲置空间再生中，空间形态重塑和空间功能演变的一个典型案例。

三、在政府和居民的配合中实现空间形态的重塑和功能转化

位于上海市中心的田子坊，正是在政府支持和当地居民的自主建设中实现街区空间形态重塑和功能转化的最佳案例之一。在新的历史背景下要维持街区的原有空间形态是比较困难的，但是可以通过利用闲置空间的资源特性，转换空间的形态与功能，使其适应新的环境。而田子坊空间功能的转型正验证了这个命题。田子坊的地理位置和内在结构决定了它继续维持工业产业功能是无法适应现实情况的，为了避免原有的空间形态遭到毁灭性的破坏，必须进行空间形态的重塑和空间功能的转化，而当地的政府和居民正是合理利用了田子坊旧居屋、旧厂房和旧仓库的特有空间形态和位于上海市中心的特殊地理位置，发展文化创意产业，使其得以成功转型。

田子坊所在的泰康路，是上海历史风貌街区中历史文化遗产的保存类型最丰富的社区之一，既有老厂房，又保留了很多石库门民居。在建筑风格方面，既有中国传统木结构建筑风格、新艺术运动装饰风格，又有英国新文艺复兴风格、英国城堡建筑风格、西班牙风格、巴洛克风格等；在建筑类型方面，既有花园洋房建筑、江南乡村民居和现代主义风格的住宅建筑，又有上海老石库门里弄建筑，上海新式里弄和具有西式特征的新里弄建筑，还有 20 世纪 20 年代建造的居住形式的里弄工厂和 20 世纪 70 年代

前后建造的工业厂房建筑等，记录了上海开埠以来社会的经济发展历程。

田子坊的发展始于民间的自发力量，卢湾区人民政府牵头建立了艺术管理委员会，当地的居民又自主成立了业委会，共同开发"泰康路上海艺术街"，通过自主招商和市场监管的方式，依靠民间贷本和境外投资，以自给自足的产业模式促成了田子坊空间功能的转型和文化创意产业的进驻。在更新开发的压力下，当地居民、入驻的艺术家和艺术机构一度坚决反对拆除这块地方，民间的力量最终获得了政府的支持，《上海市泰康路历史风貌保护与利用规划方案》的最终出台使田子坊的历史风貌得以保留。在城市的更新改造过程中，田子坊是一大创举，调动了当地居民和企业参与闲置空间的更新和改造，避免了现阶段政府在经济力量不足的情况下依靠开发商进行区域更新所导致的大拆大建、破坏城市历史文脉的不良后果。此外，文化创意产业的进驻又为当地居民带来了租金，提高了收入，改善了生活条件。

迄今为止，田子坊是全国第一家自筹经费、不靠政府投资建设的创意产业园区；是上海市第一个利用旧厂房发展文化创意产业的街区；是上海第一个中外创意人士混合进驻的创意园区；是上海历史建筑保护和城市开发建设结合的第一个示范区域；具有全国第一个创意企业自发成立的知识产权保护联盟。政府搭台，居民唱戏。田子坊以小规模、多元化、渐进式更新的方式实现了空间形态的重塑和空间功能的转变，创造了文化氛围，使土地价值得以提升，使历史文脉得以延续，并走出了一条政府引导、居民自主、自下而上的运作机制道路。田子坊人气旺盛、集聚能力强、产业形态较为完整，获得了比较普遍的认可。但这种民间自发、政府支持和居民自主性开发建设方式也带来了很多的隐患：例如，闲置空间的土地功能转化缺乏充分的法律依据、建筑空间改建的消防和结构产生较多隐患、产权关系不清导致了多重转租的现象、当地居民之间因为商业利益经常出现矛盾冲突等。当地居民对闲置空间的自主开发，在社会的急剧变革、资源的深度挖掘和利益的再分配中，面临着制度和社会规范的建设问题。

四、在"空间的生产"中形成产业链和创造新价值

中国存在着许多像上海苏州河沿岸和黄浦江沿岸那样保留着重要的场所感和历史记忆，具有时代特征的旧厂房、旧码头和旧仓库群，随着工业污染和城市重心的转移，这些旧工业建筑原有的空间功能逐渐衰退，而新的功能尚未出现，它们原有的价值在逐渐褪去，甚至慢慢成为城市环境建设的负担。

众所周知，中国的现代化经历了在国家基础建设还未全面实现真正意义上的工业现代化时，就已经向信息社会转变的尴尬过程。金融、保险、物流、教育等新产业的空间扩张需求，与旧工业空间形成强烈的对比和冲突，"空间的生产"逐步取代了原先"空间中的生产"。

生产力的发展和知识对生产过程的充分介入，使原本仅仅作为生产资料的场所，逐步转变为自身能够产生生价值的空间。2006 年，从杨浦水厂到杨树浦路 2200 号，这黄浦江北岸的 15 千米被正式作为文化创意产业基地，完整地保留了下来。苏州河 M50 等文化创意产业集聚区，以及杨浦区文化创意产业基地，其自身作为旧工业建筑的闲置空间，已经或者正在成为新时代、新产业利润的来源。空间中的生产其实并没有消失，它们只是被引上了不同的方向。

闲置空间再生中的文化创意产业集聚，并不是要从如今后工业时代的角度去缅怀曾经的生活和生产空间，而是重新审视过去，尽可能用自然的、体现人性的方式，不动声色地融入旧有的空间。在闲置空间再生的发展建设中推动文化创意产业链的完善，在空间形态的演变中创造着新的价值。

如今整个中国的城市和乡镇，都正在进入一个以更新、再开发为主的发展阶段，有大量旧生活空间和旧生产建筑面临转型或者拆迁，更新与再开发的大环境促使越来越多的人意识到资源的有限。实现闲置空间的再利用，选择适合的闲置空间发展文化创意产业，将原有的

居民和工人，替换成文化创意工作者，培养和造就更多的原创和设计人才，诞生更具竞争力的创意品牌，逐步形成产业链，创造新价值，这是产业结构调整与升级的实现途径，更是对原创与艺术产业乌托邦的创意打造。

第三章

历史文化空间的资源特性
与文化创意产业的进驻

第一节　历史文化空间的资源特性

一、地理环境资源

我国的许多闲置空间具有地理环境资源、建筑特色资源、地方政策和制度资源等资源特性，这些资源特性吸引并有利于许多文化创意产业的进驻，同时也决定了适合进驻的主导性文化创意产业的类型。

地理环境是空间区隔所形成的最基本因素，主要包括三大基本特点：一是具有主要来自太阳的外部能量和来自地球内部的内能，并在此相互作用；二是具有常温常压的物理条件、适当的化学条件和繁茂的生物条件这三大构成人类活动舞台和基地的条件；三是这一环境直接影响到人类的呼吸、衣着、饮食和住行等方面，和人类的生产、生活有着紧密的关系。地表组成物质和形态因地理位置的区别而各不相同，地理环境结构也因此产生了显著的地带性特征和区别。从广义上来看，人类赖以生存和发展的地球表层，可以划分为自然环境（自然地理环境）、经济环境（经济地理环境）和社会文化环境三大部分。这三大部分在地域上、结构上互相重叠和联系，构成了整体的、统一的地理环境，并从而影响着区域文化特质的形成。

（一）自然地理环境

自然环境（自然地理环境）又分为天然环境（原生自然环境）和人为环境（次生自然环境）两大部分。天然环境（原生自然环境）主要是指原有自然面貌未发生明显变化的、只受到人类间接或者轻微影响的地方，如高山、极地、大沼泽、大荒漠、热带雨林、某些自然保护区以及人类活动较少的海域等。人为环境（次生自然环境）主要是指受到人类直接影响和长期作用，其自然面貌已经发生了较大变化的地方，例如农业、工矿、城镇等利用地。福建厦门的鼓浪屿和云南丽江的四方街，就分别具有海岛原生与海西经济特区次生的综合自然环境和依风景秀美的古城而生的自然地理环境资源。与海西经济特区厦门本岛隔海相望的海岛鼓浪屿，兼具自然风景和人文环境风貌特色。由于受到厦门经济特区区位优势的直接影响和长期作用，鼓浪屿上的闲置建筑群也日益得到了充分的保护、开发和利用，各种配套服务设施也相应逐步完善，成为集观光度假和休闲购物于一体的综合性著名自然和文化旅游区，更因此集聚了各种文化创意产业门类，颇具规模，鼓浪屿已经逐步发展成为厦门市经济特区的文化创意产业集聚之地，每年还吸引400万以上的海内外人士慕名前来。

如今集聚着各种文化创意行业的四方街，位于风景秀美的丽江古城的中心，是丽江古城的代名词。四方街占地0.4公顷，街区中的房屋建筑仍然保持着纳西族明清时期的建筑特色，被中外的建筑专家们誉为"民居博物馆"。随着丽江创意旅游业的发展，四方街的历史建筑得到了充分的保护与利用。以四方街为中心，古城四周的创意店铺和客栈环绕，形成沿街逐层外延的稠密而又开放的格局，与中国传统的、四四方方的井字形街道相同。

（二）经济地理环境

经济环境（经济地理环境）是在自然环境的基础之上，由人类社会形成的一种地理环境，经济环境主要是自然条件和自然资源经过人类的开发利用之后，形成地域生产综合体的经济结构，包括工业、农业、交通、城乡居民点等各种生产力实体的结构状，北京宋庄和福建德化的月记窑，就都是具有特殊经济地理环境资源优势的典型案例。

宋庄原创艺术集聚区是中国最大的原创艺术家集聚地，是世界著名的原创艺术集聚区。宋庄位于北京通州区北部，原是一个位于首都周边且拥有较多闲置屋舍的村镇。宋庄原创艺术集聚区是宋庄原创艺术与卡通产业集聚区的一部分，是这整个集聚区最初的落脚点，也是其原始的灵魂所在。作为国家文化的中心和国际交往的中心，首都北京吸引着全国各地艺术家的汇聚；而宋庄与北京市中心的理想距离，为艺术家们提供了较为方便的交通条件和较为宽松的创作环境。此外，宋庄地区的村民住宅普遍拥有较大的院落，又因远离北京城区而租金低廉。理想的创作空间和低廉的生活成本，促使艺术家们陆续选择入驻宋庄。这既是对作为文化中心的首都的选择，却又远离北京城区的喧嚣，既与城区保持着密切的联系，又保有乡野之幽静，此"若即若离"的选择，体现了位于首都周边的宋庄在交通与租金等方面的区位优势。

福建省泉州市的德化县，是千年古瓷都，为传统陶瓷业发挥过巨大的作用。龙窑是陶瓷窑炉的一种，在宋代德化一度盛行。随着科技的进步，绝大多数龙窑已经被现代化的窑炉所取代。如今德化烧制瓷器的龙窑仅剩4条，其中烧制历史最为久远、保存最为完好的当属月记窑。月记窑在明清时代是兴盛一时的名窑，已经有近400年的历史，是研究中国古法烧制柴窑的必选之地，是德化古龙窑的活化石。在此特有地域资源的基础上建成的月记窑国际当代陶瓷艺术中心，是"福建省级文化产业示范基地""福建省重点创意企业"、泉州市七大重点文化创意产业园区之一，创建于2009年初，位于福建省泉州市德化县三班镇蔡径村，占地1.33公顷，包括陶艺家工作室和生活区、多功能展览厅和陶瓷文化体验区、艺术品和创意陶瓷产品展示销售区、国际柴窑博物馆和陶瓷创意产业孵化中心等，月记窑美术馆也已在规划当中。具备特有地域资源优势的月记窑国际当代陶瓷艺术中心，既传承了福建闽南地区民族文化的精神理念，增进了中外陶瓷文化的交流，促进了生态旅游业向特色文化体验旅游升级，增加了群众收入；又突破了闽南陶瓷业的传统运作模式，发展陶瓷文化创意产业，优化了德化陶瓷生产和销售的空间和产业结构，推动了德化现当代陶瓷艺术产业的发展。

（三）社会文化环境

社会文化环境包括国家、民族、社会、人口、语言、文化和民俗等方面的地域分布特征和组织结构关系，且关系到各种社会人群对周围事物的心理感应和相应的社会行为。社会文化环境是由人类社会本身所形成的一种地理环境。位于上海市泰康路 210 弄的田子坊，就因市井生活、市民气息的特有社会文化环境，而对文化创意产业产生了特殊的吸引力和集聚力。

田子坊原名志成坊，是 20 世纪 30～50 年代典型的弄堂工厂，由永明瓶盖厂、海华制革厂第二厂、康福织造厂、上海钟表塑料配件厂、鉴臣香料二厂、上海食品工业机械厂等六家工厂组成。1999 年，画家黄永玉为泰康路 210 弄题名"田子坊"。一路发文化发展公司的率先进驻拉开了泰康路上海艺术街的序幕，之后又有陈逸飞田、尔冬强、王家俊、王劫音、李守白等艺术家先后入驻。自 1998 年起一批颇具影响力的艺术家陆续入驻，至今，田子坊已经汇集了 20 多个国家和地区的 160 多家视觉创意公司，文化创意产业的集聚效应又促使更多的艺术品、工艺品商铺入驻田子坊。田子坊成为上海进入后工业时代的产物，2005 年获评"上海最具影响力的十大创意产业集聚区"，2006 年获评"中国最佳创意产业园区"。田子坊艺术创意园区的主要建筑是随着 20 世纪 90 年代中期工业企业转制而废弃闲置的厂房，空间宽阔且租金相对低廉。这些闲置厂房弥漫着人们生活和工作过的记忆，改建的工作室经过艺术的再现更体现出不同的风格和氛围。田子坊最大的特色，就是它至今依然有很多居民生活于其中。田子坊内处处是市井生活的气息，处处是百姓生活和工作的痕迹，市井生活和市民气息所特有的、生机勃勃的吸引力和集聚力，营造了良好的社会文化环境，为其带来了足够的人气，促成了文化创意产业的集聚。

我国有许多闲置空间是具有深厚传统文化生活积淀先天优势的旧街区，这些闲置空间在传统文化与创意产业的结合方面具备独有的资源特性。例如，位于成都市青羊区的宽窄巷子，本就是传统文化和民间艺术长期居于其中的历史街区，在城市改造和生活变迁中采取原真性保护的方式进行保存、改建和再利用，如今已经成为文化创意展览和活动长期举办的场所，并有机结合了时尚创意产品的展示和交易。"宽窄巷子"由平行排列的宽巷子、窄巷子和井巷子这三条城市老式街道及其之间的四合院群落构成，是老成都"千年少城"城市格局和百年原真建筑格局的最后遗存，也是北方胡同文化和建筑风格在南方的"孤本"。宽窄巷子与大慈寺、文殊院并称"成都三大历史文化保护区"，于20世纪80年代被列入《成都历史文化名城保护规划》，是成都老城区和成都市民文化生活的缩影，2011年被评为成都新十景之一。从最早的八旗清军到后来的满族后裔，再到融居其中的成都百姓，三百多年历史的宽窄巷子留存至今，并经历修复和打造。它以传统文化生活积淀的先天优势和长期积累形成的社会文化环境，吸引着文化创意产业的进驻。

二、建筑特色资源

（一）建筑历史文化风貌

建筑遗产属于文化遗产中的物质文化遗产之列，物质文化遗产就是传统意义中的"文化遗产"，主要包括历史文物古迹、历史建筑群和人类文化遗址三个方面。我国存在许多在建筑历史、造型、外观、功能等各个方面具有特色的闲置空间，这其中就包括拥有历史性人文特征、完整文化风貌或优秀文物古迹的建筑遗产。

随着社会发展机制的逐渐转变，许多建筑遗产作为既定使用的空间，其原先的功能逐渐丧失、遭到废弃乃至呈现出一种闲置现象。这些空间往往记录着当时使用的建筑素材、颜色、构法等，反映着当时的使用形态、建筑风格、建筑空间以及建筑语汇，乃至周边环境所构成的社会脉络及纹理，具备历史意义和重要价值。饱经风霜的福州三坊七巷就是一个典型的案例，经过近年来的抢救、整修和再利用，如今的三坊七巷已经成为福建省历史街区遗存的典型代表，是福州名贤文化的纪念地、福州民俗文化的展示地、福州传统商业的传承地，具有丰富的历史文化积淀，具有历史街区物质与非物质文化的特色和价值。作为福州古城风貌的核心组成部分，三坊七巷以南后街为轴，向西三片称"坊"，从北到南依次为衣锦坊、文儒坊、光禄坊；向东七条称"巷"，从北到南依次为杨桥巷、郎官巷、塔巷、黄巷、安民巷、宫巷、吉庇巷；总占地面积约40公顷。三坊七巷瓦屋白墙，布局严谨，建筑精致，匠艺奇巧，是闽越古城民居特色的荟萃，被誉为"明清古建筑博物馆"。

（二）建筑时代特征

我国的闲置空间范围中包含着许多不同时代的、多样性的历史建筑，这些历史建筑扩充、泛化了"建筑遗产"的衡量标准和范畴。使得相对平凡世俗的历史建筑也有可能作为"建筑遗产"，为现在乃至将来的区域景观贡献出美学价值，并为环境的多样性做出各种贡献。因此，关于闲置空间再生的研究范围，本书从人类多元文化的整体出发，既重视拥有历史性人文特征、完整文化风貌或优秀文物古迹的建筑遗产，也重视具有时代特征的旧厂房、旧仓库、旧码头等闲置区域，它们都具有特殊的场所感，刻满了过去人们居住、生活以及工作的印记，具备多元的建筑特色，具有更积极的使用方式或者使用潜力。位于上海苏州河与黄浦江沿岸的闲置建筑群，就具有典型的时代特征，处处体现着老上海旧厂房、旧码头、旧仓库群的原相价值。

苏州河古称吴淞江，连通五湖四海，是上海的母亲河。20世纪的上海贸易货运量剧增，是全国乃至全世界重要的产业城市。苏州河的内河交通运输功能随之增强，兴建了各种米码头、水果码头、酒码头、木码头以及垃圾码头等大量行业码头，之后又在各个码头附近相应修建了各种仓库，见证着当时上海的兴隆。在1978年前，苏州河两岸又先后建造了大量的工厂和新仓库，聚集了大量外来人口，这导致了20世纪八九十年代苏州河严重的污染问题。但因祸得福的是，污染的严重性甚至使房地产商都避之不及，这反而使苏州河两岸保留了大量租界时期兴建的、具有强烈时代特征的仓库群。自19世纪60年代起，外商开始在中国建设工厂，主要集中在苏州河北岸和黄浦江以西。

19世纪末至20世纪20年代，上海迅速崛起，成为近代的大都市。各国的资本家纷纷在上海掠夺原材料和倾销商品，也因此开办了一批规模较大的工厂。这些工业建筑普遍分布于杨浦和闸北等区域。到20世纪30年代，上海的工厂总数达到全国的一半以上。到1949年，上海已经成为全国最大的工业城市，共有工厂1000多家。如今位于黄浦江北岸15千米的杨树浦旧工业区，残留着当初辉煌的工业文明：杨树浦路2200号——电站辅机厂，是原美国通用电气公司在亚洲第一大厂的原址；杨树浦路2524号——杨树浦煤气厂，前身是1863年（清同治二年）创办的大英自来火房，它的炭化炉房曾是中国第一座钢结构的厂房建筑；杨树浦路2800号——杨树浦发电厂，是原公共租界工部局电气处的厂房；杨树浦路2866号上海第17棉纺织总厂，是原日商裕丰纺织株式会社；还有中国最早的工业化造纸厂、第一家工业化制糖厂、第一家城市自来水厂等。

（三）建筑功能特征

在人类建筑的发展史中，建筑功能作为社会生活方式的反映，是建筑中最根本的决定性因素，具有永恒的生命力。我国的闲置空间中，有许多建筑仍然具备特有的空间材质、尺度、比例、采光方式等功能特征，例如北京的798艺术区，就具有包豪斯（Bauhaus）建筑风格所特有的空间尺度和空间功能。它们在闲置空间的再生中，如果利用得当，仍然有可能支持再生空间的新需求，适应和配合再生过程中的人类活动，以及活动的性质、相互关系和变化规律。

798艺术区最具特色的是独特而稀缺的包豪斯风格建筑，坚固、实用并且美观。798艺术区内，包豪斯建筑风格的工业厂房共有4处，建筑面积达9.3万平方米，厂房内部挑空10米以上，高大空旷。整体以水泥浇筑，朝北的顶部是混凝土浇筑的弧形实顶，从外部看，呈锯齿状相连在一起；北面整体是斜面玻璃窗，与北面整体为墙、窗户开在南面的北京传统风格建筑恰恰相反，形成特有的视觉识别；朝北的斜面玻璃窗户有利于充分利用天光和反射光，为建筑带来了充足的室内光线，并保持了光线的均匀和稳定；考虑到备战的需要，屋顶很薄并且带有细缝，然而骨架却非常结实，整体浇筑，堪称工业发展史上的文物。

798中包豪斯建筑风格特有的空间尺度与空间功能，吸引着国内外知名艺术家和艺术机构的进驻和集聚。随着798的日渐知名，2007年起，艺术区的节庆活动开始被冠名为"北京798艺术节""北京798创意文化节"等。

如今的艺术区"798"，已经是工厂编号、地理概念和文化概念的叠加，以798艺术区和751北京时尚设计广场为核心区，以其周边散布的索家村、花家地艺术群落、草场地艺术园、崔各庄1号地艺术园、将府艺术园、酒厂艺术院区、环铁艺术院区、费家村、观音堂、尚8、竞园等以艺术家工作室和文化艺术机构的集聚为主的艺术群落为辐射区，被统称为"泛798艺术区"。这里已经成为中国当代艺术的集散地和文化艺术的展示中心，成为具有国内外影响力的文化创意产业集聚区。

三、当地政策与制度资源

当地政策与制度资源是闲置空间保护和再生的重要资源特性之一。闲置空间的保护和再生是一项长期而艰巨的任务，涉及的方面和利用的资源众多，这就需要规范的秩序，需要法律法规的保护、当地政府的政策扶持和制度支持。闲置空间保护与再生的相关法律体系必然是一个逐步完善的过程，随着时代的变化，拆与保的选择、保护与再生的原则与方法也会发生相应的变化。具有浓郁建筑时代特征的上海苏州河及其沿岸的闲置建筑群的保护，就是世界规划史上难得一见的政策保护行为。

位于上海市卢湾区建国中路的 8 号桥，则是政府让权与开发商运作结合的创意地产项目的典型案例。20 世纪 90 年代，随着上海市政府中心城区"退二进三"的产业结构调整，卢湾区地域范围内的传统制造业逐步迁出，该地便留下了 7 座旧厂房。2003 年下半年，在上海市经委和卢湾区人民政府的支持下，由上海华经投资有限公司、香港时尚生活策划咨询（上海）有限公司和上海工业旅游发展有限公司斥资 4000 万元，共同对这片旧厂房进行开发、改建、招商并管理。

经过精心打造，8 号桥成为上海市文化创意产业集聚区的新地标，先后荣获"全国工业旅游示范点""上海市企业信息化示范园区""上海对外文化交流基地""上海优秀创意产业集聚区""上海名牌区域"，以及 2011 中国广告与品牌大会的"2010 中国广告创意实效特别大奖"等称号。此后，时尚生活中心集团有限公司开始陆续打造并推出延续 8 号桥品牌理念的、位于卢湾区中南部局门路的"8 号桥Ⅱ期和Ⅲ期"。8 号桥Ⅱ期和Ⅲ期的打造，进一步扩大了集聚区规模，业态更加完整、租户更加多元、空间布局更加人性化、办公条件也更加优越。8 号桥Ⅱ期和Ⅲ期于 2010 年初开幕，截至 2011 年底，进驻率已经达到 95%。

建筑时代特征和功能特征兼具的 798 艺术区，在民间自发形成和发展壮大，逐渐演变成地方政府与国有企业共同规划和建设的文化创意产业集聚区。作为利益共同体的地方政府、园区机构以及园区内的经营主体，共同承担责任和分担风险，地方政府负责参与组建事业性质的机构，引导工业厂区与公共社区的综合协调管理和服务。经过共同协商、集体决策和专家建议，朝阳区委员会（以下简称"区委"）、区政府和 798 的业主七星集团共同组成了北京 798 艺术区领导小组，并下设北京 798 艺术区建设管理办公室作为工作机构，挂靠于区委宣传部，自收自支，同时还筹建了艺术区发展促进会，为集聚区内的艺术家和艺术机构提供基础性支持，由此形成 798 艺术区高层次的议事协调机构和办事机构。从曾经的民间自发的自组织阶段，转变为以业主七星集团为主导的运行机制，798 艺术区形成了国有企业掌控、集工业和艺术于一体的综合性社区。政府为集聚区提供市政配套设施，七星集团则作为项目实施主体，负责统筹、规划和建设集聚区内的公共服务平台；由七星集团投资控股，组建了"北京 798 文化创意产业投资股份有限公司"，担负集聚区内规划建设项目的运作和对外合作；侧重于以艺术为主体的 798 艺术节和侧重于以产业为主体的 798 创意文化节，均由七星集团出资举办；集聚区内的物业管理服务，也由七星集团的物业部门全方位提供。由此基本确立了 798 艺术区政府引导、国有企业主导以及艺术机构主体共同参与的管理机制和运行机制。

综上，闲置空间具有各个方面的资源特性，既包括自然地理环境、经济地理环境和社会文化环境等地理环境资源，也包括闲置建筑的历史文化风貌、建筑时代特征、建筑功能特征等建筑特色资源，还包括当地的政策与制度资源等。值得一提的是，以发展现状来看，我国的闲置空间再生中，并不仅仅是单一的资源特性在起作用，绝大多数闲置空间的再生都是多种资源特性的共同效用，它们互相促进并协同发展。

第二节　以历史文化空间资源特性为导向的文化创意产业融合

一、资源特性吸引了知名艺术家的率先进驻

我国的许多闲置空间，以其各个方面的资源特性吸引了各个门类知名艺术家的率先进驻，起到了带头作用，促进了闲置空间的再生，从而促成了文化创意产业的集聚。位于首都北京周边的宋庄，就是以地理区位的优势和农耕文化氛围的特有吸引力，吸引了知名艺术家的带头进驻，更促使其逐步形成了浓郁的艺术氛围和优越的创作环境。

宋庄位于北京城区的附近，既与城区保持着密切的联系，又远离城区的喧嚣，此"若即若离"的选择背后，体现着宋庄在交通与租金等方面的区位优势，为艺术家们的进驻提供了宽松的创作空间。自1993年著名艺术家黄水玉在宋庄建立了万荷塘工作室起，次年，方力钧、岳敏君、张惠平、高惠君、栗宪庭、杨少斌、刘炜、王音等艺术家们也相约入驻宋庄的小堡村，之后约300多名画家相继自发前往宋庄，租住村中民宅进行生活和创作，宋庄的原始景观自此初步形成。1995年，圆明园画家村的被迫解散促成了以圆明园艺术家为主力成员的集体大迁移，逐步形成了颇具规模、不断完善和扩大的自由艺术家群体，这些艺术家们主要分布于以宋庄小堡村为核心的邢各庄、白庙、小杨庄、北寺、任庄、喇嘛庄、辛店、大兴庄、六合等各个自然村中，对宋庄艺术群落的形成产生了深刻的影响。

其实自由艺术家与农民之间有着某种特殊的关联，那就是闲散自在的生活状态。中国的农耕文化就是农民在长期的农业生产中形成的一种风俗文化，以农业服务和农民自身娱乐为中心，集合了儒家文化和各类宗教文化于一体，形成特有的文化内容和特征，其主体包括戏剧、民歌、语言、

风俗和各类祭祀活动等，是中国存在最为广泛的文化艺术类型。农业社会的本质要求相对静止的社会生活节奏和相对稳定的分工，从这一角度来看，农耕文化的氛围和闲散自在的生活状态比较适合自由艺术家生活和创作的需要。

随着艺术家日益形成规模，宋庄开始被人们称为"画家村"，逐步发展成为我国最大的原创艺术家集聚群落。1996 年底，北京文化发展基金会的成立，奠定了"宋庄当代文化专项基金"的启动基础。1998 年，钟天兵建起了"画家村网站"，开始介绍宋庄和宋庄艺术家们的情况。1999 年 9 月，宋庄被国务院经济体制改革办公室列为全国小城镇试点镇，"宋庄当代展"开幕。2000 年初，宋庄"画家村"已经声名远播了，在文化创意产业的推动下，宋庄不断实现业态升级，从纯粹的画家村逐步向文化创意产业园区转变。原先单纯的居住性艺术家聚集方式，开始逐步发展成为原创艺术家、画廊、艺术经纪人、艺术批评家等共同组成的艺术集聚区。2005 年，首届"宋庄文化艺术节"开始举办，之后发展成为每年一届的重大艺术活动。2006 年，中国最大的动漫企业——"三辰卡通集团"的北京总部和制作基地开始进驻宋庄，这"标志着宋庄进入文化创意产业发展的新阶段"[①]。到 2009 年，宋庄原创艺术集聚区的艺术品年交易额已经超过 5 亿元，越来越多的艺术家、艺术批评家、画廊、拍卖行和收藏家将目光聚焦于此，塑造了当代艺术的"中国宋庄"品牌。

经过近 20 年的发展，宋庄已经成为一个工业建筑和民居错落分布的区域，拥有具有现代艺术风格的、全国唯一的村级美术馆——宋庄美术馆，以及上上美术馆、尤伦斯当代艺术中心等，还有许多由国内外专业设计师设计的艺术空间，以及许多艺术家的个人工作室。很多进驻的艺术家主要是租住宋庄镇中的民居、闲置工业厂房和仓库等，这些被租住建筑的外观从整体上日益展示出艺术村特有的文化风貌。目前，宋庄已拥有初具规模的艺术区十多个、3000 平方米以上的艺术场馆近 20 家、大小画廊

---

① 百度文库. 宋庄发展历程［EB/OL］. https：//wenku. baidu. com.

100多家，进驻艺术家达5000多名，已建成包括门户网站在内的4家艺术网站，已经形成了一个集现代艺术作品创作生产、展示交易、艺术教育、学术交流和文化服务于一体的艺术品市场体系，相关的基础设施建设、配套产业和服务行业也随之迅速发展起来。

与宋庄的地理区位优势和农耕文化氛围不同，北京798是因其建筑特色优势和工业文明的吸引力开始受到重视。1995年，中央美术学院雕塑系的教授隋建国，以每平方米0.3元/天的价格租用了706厂30000多平方米的闲置仓库作为雕塑创作车间，受委托制作抗日战争纪念馆群雕，雕塑工程完工后，翻模工罗海军续租，并设立了雕塑工厂，此雕塑空间存在并经营至今，成为798艺术区诞生的标志之一。2002年，美国人罗伯特·伯纳欧（Robert Bernell）租用了798厂120多平方米的回民食堂，改建成艺术书店，798第一个境外租户就此产生。2003年发起了规模空前的大型活动"再造798"，各个艺术机构都在自己的空间内办起了展览，引来观众两三千人，使得798声名鹊起。此后，就陆续有100多家艺术机构以合适的价格先后租用并改造了大约2万平方米的闲置厂房，而业主七星集团也因此获得了不菲的租金收益，缓解了当时正面临的资金压力。2004年起开始举办每年一届、民间性质的国际艺术节，798的知名度得到巩固和扩大。2004~2006年，798先后被认定为北京市十大市级文化创意产业集聚区之一、市级重点引导发展的艺术园，纳入规划，予以重点扶持。2007年起，798艺术区的艺术节由民间性质转变为准官方性质。

798艺术区的形成，首要的原因在于工业建筑闲置空间利用的开放性和可塑性等功能特征，以及建筑遗产的魅力包豪斯风格建筑的独特性和稀缺性；其次是身为闲置空间的合理租金价格促使798艺术区以民间力量自然形成成为可能。这样的资源特性吸引了知名艺术家的选择和进驻，其首都区位优势和交通地理因素，又对艺术家和艺术机构产生了很好的集聚效应。中央美院在租用798闲置仓库作为雕塑车间的6年时间中，还为高等艺术院校在798的交流互动和学术支持建立了开端，并提供了艺术人才资源。

工业文明是迄今为止最富活力和创造性的文明，798艺术区是典型的工业建筑遗址，厂房错落，砖墙斑驳，管道纵横，工业时代与后工业时代风貌并行，具有独特之处：一是798艺术区其实依然是一个以工业生产为主的厂区，依然在继续生产，只是工业区中有部分在淘汰和升级的过程中闲置出来的厂房，被艺术家们和艺术机构加以改造利用，在保留厂房工业气息和厂区工业发展历史余温的同时，创作和展示艺术，逐渐演变成工业与艺术共处，生产与服务共存的多功能区域；二是如今的798依然是一个较为成熟的商业艺术区，汇集了艺术家工作室、艺术展示空间、设计工作室、画廊、时尚街铺和餐饮酒吧等众多文化创意产业元素，门类较为齐全、产业链较为完整。作为一个非常规的艺术场所和商业环境，798无需对实验性和民间性的艺术活动做出太多关于准入门槛的限制，因此许多国内外前卫的文化艺术活动相继并持续选择在798举办、展示和交流，也由此吸引了各个层次的艺术家和艺术机构前往汇聚。

宋庄具有地理区位优势和农耕文化氛围，北京798具有包豪斯风格的建筑特色优势和工业文明的吸引力，而福建德化的月记窑，则以特有的地域资源和海洋文明历史，吸引了知名艺术家的率先进驻并形成文化创意产业的集聚。德化是中国陶瓷文化的发祥地之一，德化窑是我国古代南方著名瓷窑，德化瓷一直是我国重要的对外贸易品。宋元时代，德化瓷器随着泉州港商业的发展、海外贸易的发展而畅销海外，成为"海上丝瓷之路"的重要商品。郑和下西洋所带的瓷器中就有福建的"德化瓷"，意大利著名旅行家马可·波罗（Marco Polo）在游历福建泉州时，也盛赞德化陶瓷并将其带往海外各地。[①] 柴烧是延续几千年的最古老的陶瓷烧制技艺，德化窑的柴烧文化在中国乃至世界文化史上都占据了重要地位。柴烧技术随着工业化的进程发展已经基本被现代工艺手段所取代，但至今仍为各地陶艺大师所钟爱。如何使古龙窑和柴烧技艺都完好地保护、发展与传承下去，让千年的文明造福人类，困扰着当代的陶艺家们。

2009年春，旅德泉州籍艺术家吴金填先生带领数名国内外知名的陶艺

---

① ［意］马可波罗．马可波罗行纪［M］．冯承钧，译．上海：上海书店出版社，2001.

家前往月记窑考察，被当地原生态的自然人文景观和底蕴深厚的陶瓷文化所吸引，随后在这千年古窑的遗址上扎根，创建了月记窑国际当代陶瓷艺术中心。吴金填先生在弘扬和传承瓷都德化陶瓷文化的基础上，开创了瓷都德化当代陶瓷艺术和陶瓷创意产业的历史先河。他所创建的月记窑国际当代陶瓷艺术中心，具有得天独厚的窑土条件，并以当地独有的古龙窑和中国古法烧制柴窑文化为主题资源，又相继建成了包括德化龙窑、新西兰盐烧柴窑和美国窑炉在内的几座窑炉，以国际陶瓷艺术展示等陶瓷文化的交流活动为载体，配合民俗风情浓厚的自然资源，吸引世界各国陶艺大师前往，进行陶瓷艺术品创作与陶瓷文化交流活动，成为有相当知名度和美誉度的国际当代陶瓷艺术创作、展示和交流中心，在建立后一年内就吸引了逾 10 万人前往创作和观摩。

建于古龙窑遗址旁的月记窑国际当代陶瓷艺术中心，通过建设阳瓷创意产业研发基地，组织国内外知名陶瓷艺术家成立研发团队，开发设计原创作品，创新当代研究生活艺术空间，打造了高端生活艺术装饰品品牌"月记窑"和创意茶具专用品牌"心茶印器"，并不断优化产业结构，提升产业能力，形成了原创、展览、展示、销售、收藏的产业链，构筑了有力的产业支撑体系。中心建成 3 年多以来，先后已有来自 30 多个国家的上千位国内外具有相当影响力的艺术家前往开展创作、培训和交流活动，成功举办多项国际陶瓷艺术交流活动。在德化的陶瓷文化发展历程中，月记窑国际当代陶瓷艺术中心留下了浓墨重彩的一笔。我们希望借此把一切创作融入周围浓郁的文化氛围之中，古老文化与现代文明的碰撞能够激发创作的灵感，陶艺作品的创作也将更有思想深度。常年在大都市中生活，创作灵感会在不知不觉中日渐麻木，而在月记窑这种原生态的历史文化背景中，我们找到了创作激情和灵感，觉得是在为几近衰败的月记窑续写历史，并促使她重现……

二、资源特性带来的人气产生效应

我国的许多闲置空间具有多方面的资源特性，带来了旺盛的人气，创造了商机，从而吸引了文化创意产业的进驻和集聚。福建厦门的鼓浪屿，就是以秀丽山海风景、万国建筑风貌和底蕴深厚的人文环境，带动了旅游业的发展，为其带来了旺盛的人气，从而也引发了政府和民间对鼓浪屿历史风貌持续和较为有效的保护。随着 2000 年《厦门市鼓浪屿历史风貌建筑保护条例》的颁布，鼓浪屿历史风貌建筑有了针对性的规定，历史建筑的保护与更新也自此有章可循，2000 年后比较有代表性的有英国和美国领事馆的修缮与再利用，海天堂构、大夫第、四落大院、金瓜楼等建筑的保护与更新等，这些项目都跟旅游文化与创意产业发展有紧密的联系，且都取得了一定的社会效益和经济效益。

按历史风貌建筑的分布状态，鼓浪屿根据其结构特征实行了"七片八线多点"的保护方式，同时规定保护要坚持建筑单体和整体环境统一、典型个性和群体风貌统一、个体分布和整体结构统一、保存维护和开发利用统一、统一规划和分期实施统一五大原则。保护范围的划定要坚持整体空间景观环境原则、建筑场控制原则、最小距离原则、视线保护原则四大原则。除了对历史风貌建筑进行保护之外，鼓浪屿还重视对非历史风貌建筑的开发进行合理安排和有效控制。在土地使用功能方面以自然和文化旅游及其配套功能开发为主；在建筑形象方面注重建筑的尺度、高度、材料；在布局和屋顶形式等方面，注意与历史风貌建筑的协调统一。2006 年，鼓浪屿万石山管委会推出了"老别墅认养"新政，鼓励企业或个人出资维护老房子。企业和个人通过认养进行投资，把部分别墅开发成文化旅游和创意产业项目，如展览馆、会所、音乐酒吧、创意商店等。2007 年 3 月，针对鼓浪屿破败房子改造问题的《鼓浪屿危房改造规划与设计导则》出台，紧接着厦门市发展和改革委员会与鼓浪屿－万石山风景名胜区管理委员会又共同推出了将鼓浪屿建设成"公园之岛、文化之岛、休闲之岛"的建设项目规划。

在鼓浪屿历史街区的有效保护和充分利用中，鼓浪屿的创意产业逐步发展起来，主要包括装点鼓浪屿艺术气息的各种艺术学校、艺术表演场所以及艺术展览场馆，装修主题丰富、风格迥异的家庭旅馆，岛上各具情调的咖啡馆和酒吧，餐饮业中的各种时尚餐厅以及精心布置的时尚创意展示商铺，等等。在艺术表演方面，有鼓浪屿合唱团和厦门爱乐乐团，另有鼓浪屿音乐厅作为岛上的艺术表演场所。在艺术展览方面，鼓浪屿上有中国唯一的钢琴博物馆，世界上最大、中国唯一的专门展示古风琴的博物馆，租界历史博物馆，国际邮票展览馆，观复古典艺术展览馆，怀旧鼓浪屿的展览馆，海峡两岸博物馆等共计 14 个展馆。在艺术教育方面，鼓浪屿上有厦门市音乐学校、福州大学厦门工艺美术学院、厦门演艺学院三所艺术教育机构。各种时尚餐厅约有 35 个品种和品牌，创意家庭旅馆共计 34 家，休闲咖啡馆和酒吧共计 15 家。此外还相继诞生了一批别具一格的创意商店，例如位于晃岩路 1 号的虾米堂 X'MART，经营从闽南文化出发、融合闽南元素与生活方式创作的文化创意产品。

位于云南丽江的四方街，在历史上就是一个商品交易的场所，自始至今都是个人气旺盛的商业中心。自丽江古城被列入《世界遗产名录》，填补了中国世界文化遗产中无历史文化名城的空白之后的 10 多年来，丽江以对世界文化遗产的保护和宣传带动了文化创意产业和旅游业的发展，又以文化创意产业和旅游业反哺文化遗产的保护，其具体实践被联合国教科文组织称为是"为困惑的中国乃至世界城市类型文化遗产保护面临的共同难题探索出了全新的路子和经验"①。

丽江古城有丰富的传统文化和众多的古迹文物，是我国最具民族风格且保存最完整的古代城镇之一。从城市功能上来看，丽江古城一直都是商业性质的城市。而以四方街为核心的丽江古城，长期展现着纳西族、藏族、白族、汉族等各个民族共同相处的特殊风貌和多元的社会文化形态。如今古城内已经形成了各种旅行者、摄影师、艺术家和文艺工作者的集群，成为各种茶馆和酒吧、表演艺术场馆和文物博物展馆、艺术书店和创意商店、民宿和客栈等文化创意行业的聚集之地。可见，依风景秀美的古

---

① 国家文物局网站. 世界文化遗产——丽江古城 [EB/OL]. [2003 - 08 - 04]. http：// news. xinhuanet. com/ziliao/2003 - 08/04/content_1009125. htm.

城而生的四方街，以自身的资源特性带来了旺盛的人气，形成了商业中心，并因此滋生了文化创意产业。

位于上海泰康路的田子坊，是利用街区资源特性及其带来的人气自主开发文化创意产业的典型案例。在 20 世纪 80 年代初期的环境治理和 90 年代中期的工厂企业改制中，泰康路两侧的大批厂房闲置下来，而泰康路位于上海市的中心地段打浦桥，具有优越的地理位置和浓郁的市民气息。鉴于此，打浦桥街道办事处率先提出以盘活资源，增加就业，发展创意产业为目标，利用闲置厂房资源招商营建泰康路工艺品特色街的设想。

1999 年 1 月，卢湾区人民政府区现场办公会议研究并确定了这一改造方略。3 月成立由 15 个区级委办局成员组成的管理委员会，下设办公室。12 月引入一路发文化发展有限公司，这一陶瓷工艺品卖场 700 平方米的营业面积，得到免租金十年的优惠条件。随后，画家陈逸飞进驻并设陈逸飞工作室（于陈逸飞逝世后关闭）；摄影家尔冬强进驻并设"汉源文化"（尔冬强艺术中心）；张锦迪的易典画廊、郑登基的顺基文化艺术中心等也相继进入。2001 年 10 月，位于泰康路 210 弄的原上海食品机械厂的 5 层厂房改为由来自各国的艺术家组成的艺术创作中心，建筑面积约为 4500 平方米。至 2002 年，一条没有国家投资的艺术文化街初步形成，成为上海市古玩艺术收藏品市场三市四街之一。如今，陈逸飞生前设计的"艺术之门"跨街雕塑屹立于泰康路的东端，成为上海泰康路艺术街的街标；尔冬强工作室每月一次的歌剧演唱会高朋满座；香港的著名陶艺家郑伟开设的乐天陶艺馆吸引着国际陶艺界的展示和交流，在世界陶艺界也享誉盛名；上海自在工艺品公司的留青竹刻则在沪上竹刻中独树一帜，产品畅销国内外。

三、经济和政策支持的直接效果

闲置空间的保护和再生是一项长期而艰巨的任务，涉及方面与调动资源众多。政策、制度、法规的扶持，作为当地闲置空间保护和再生的重要资源特性之一，为文化创意产业的进驻和集聚提供了重要的经济支持和政策支持，具有直接的吸引作用。闲置空间的保护和再生，以及文化创意产业的进驻和集聚，是传统产业向现代服务业的跨越，是近年来的新议题和新方向，其相关法律体系也处于起步阶段，有待于不断发展完善。

上海市政府把从乌镇路桥到浙江路段划定为法定上海近代建筑文化保护区，把苏州河综合治理一期工程列为上海重要工程建设的"一号工程"，成为在全世界各地的都市规划史上都难得一见的案例，政府的直接政策支持对文化创意产业的进驻和集聚产生了积极的作用。苏州河一带闲置空间再生中的文化创意产业集聚，最具代表性的当属莫干山路50号（简称"M50"）。2002年，上海市经济委员会将其命名为"上海春明都市型工业园区"，2004年又更名为"春明艺术产业园"，2005年挂牌为上海创意产业集聚区之一——M50创意园。此后，M50先后吸引了包括法国、英国、加拿大、意大利、瑞士、以色列和挪威等在内的17个国家和地区，以及国内十多个省市的画廊、平面设计、建筑师事务所，环境艺术设计、艺术品（首饰）设计、影视制作等艺术机构和130多位艺术家的进驻，先后成功举办了上海国际服装文化节、法国工商会、中国传统节日乙酉中秋论坛、宝马车展、诺基亚以及西门子产品推介等一系列时尚活动。艺术节和艺术机构的进驻、各种创意时尚活动的举办，为苏州河沿岸营造了浓厚的文化气息，使M50成为上海最具质量和规模的当代艺术社区。

如今，在以M50艺术集聚区为代表，包括光复路181号的刘继东工作室、万航渡路1134弄12号艺术仓库等在内的，受到政府颁布政策保护的29栋苏州河沿岸仓库的原址上，旧有建筑岿然不动，斑驳的墙体和屋檐上保留着20世纪30年代的记忆。这些留存着历史和旧影的空间，因为差异感而更富趣味和创造力，而创意与设计则取代了其原本作为仓库的功能。

与M50政府政策的直接保护和支持不同，上海8号桥是采取政府租赁经营的服务者角色与企业统一管理的开发主体角色结合的市场化开发方式。政府扮演服务者角色，仅提供知识和服务，不作为规划建设的主体，不参与项目的实际运行和管理，以公开招标的方式，最终赋予香港时尚生活策划咨询有限公司 20 年的承包经营权，负责园区的开发定位、规划论证、整体包装策划、改建招商以及管理工作。8 号桥的正式名称为"上海产业咨询服务园"，包括上海（国际）产业转移咨询服务中心、上海市工业开发区招商服务中心和上海时尚创作中心，故有"一园三中心"之称。作为园区一期的核心单位，上海（国际）产业转移咨询服务中心是国内首创的一家以专业从事研究、跟踪和吸引全球产业转移，帮助国内外投资者选择商机腹地为目的的非政府组织；而上海市工业开发区招商服务中心是利用遍布全球的招商服务网络，捕捉并分析国际产业转移动态，客观、系统地为投资者展示上海投资环境的平台。上海产业咨询服务园的建设是落实中央政府《内地与香港关于建立更紧密经贸关系的安排》（CEPA）和上海市政府与香港特别行政区建立沪港经贸合作机制、加强沪港经贸合作的具体行动。

在 8 号桥的改造再生中，大量的玻璃门窗和青砖、金属丝网、木质走廊等装饰元素的使用，把凝聚着特有历史底蕴和文化内涵的老厂房变成了激发创意灵感、吸引创意人才、集聚创意产业的时尚载体。8 号桥的精心打造和先进运作模式，吸引了设计金茂大厦的斯基德尔莫、奥因斯和梅里尔（SOM）、设计新上海国际大厦的比艾其（BHI）、英国著名设计事务所艾尔索普（ALSOP）、全球最著名的建筑事务所 AEDAS、法国纳索（NACO）建筑设计公司、法国 F-emotion 公关公司、创始暴雪魔兽世界团队创办的 RED5、中国游戏软件开发行业的先行者 WINKING 动漫公司、新加坡 band 公关公司、吴思远电影后期制作室等 70 余家国内外著名的设计公司和创意品牌的进驻，成为顶级品牌信息发布和展示的平台，同时通过举办多场次的国际性文化活动来推广 8 号桥的品牌。8 号桥是对原有功能的重组和改造，是对城市历史文化资源的发掘和运用，是位于上海闹市街头的闲置空间打造而成的创意写字楼，是政府让权之下资本与创意地产的结合，是在有限的城市土地资源中营造的无限创意价值。

四、政府合理规划的引导效用

合理的定位和具有前瞻性的政府规划，是闲置空间保护和再生中重要的当地政策与制度资源之一。根据闲置空间的资源特性，建立合理的评估标准，做出具有前瞻性的价值评估和合理的定位，确定改建后的文化受众和对象，确定再生后的空间属性，注重与周边行业的依托和互补关系，选择合适的实施方式，对文化创意产业的进驻和集聚具有引导效用。四川成都宽窄巷子的改造与再生，政府就是努力将"整旧如旧"和"整新如旧"相结合，基本实现了沿袭与衍生、遗存与创新的并蓄。

2003 年，成都市宽窄巷子历史文化片区主体改造工程确立，决定外迁原住的百姓，在保护老成都原真建筑的基础上，形成以文化创意产业和旅游休闲为主、具有鲜明地域特色和浓郁巴蜀文化氛围的复合型街区。改造的范围包括以宽巷子和窄巷子两大街坊为主的、占地 7.2 公顷的核心保护区，和周边 20 多公顷的环境风貌协调区两大方面内容。核心区保留了40% 的建筑，以修缮的方式，按照原有特征进行修复，并完善内部设施；其余 60% 的建筑则是以"整旧如旧"为原则，在保持原有建筑风貌的基础上进行改建。而环境协调区内原有的大部分建筑予以拆除，以"整新如旧"为原则进行重新开发建设。宽窄巷子的改造于 2008 年 6 月竣工，修葺一新的宽窄巷子由 45 个清末民初风格的四合院落、花园洋楼和新建的宅院式精品酒店等建筑群落组成。宽窄巷子保留和展示了原先就长期居于其中、融合了市民气息的传统文化和民间艺术，如蜀绣、蜀锦、竹编和漆器工艺等，修建了一系列特色纪念馆、旧时画馆、文馆、茶馆、戏馆等，邀请优秀的文化名人和艺术家进驻并从事创作。此外还有机结合了博览会展、策展活动、创意商店等创意产业的展示和交易，促成了文化创意产业在宽窄巷子中的集聚。

改造后宽窄巷子的院落文化分为三个主题：以旅游休闲为主题的宽巷子是"闲生活"区、以创意品牌为主题的窄巷子是"慢生活"区和以时尚年轻为主题的井巷子是"新生活"区。如今，已有许多文化艺术的名流和国内外著名的创意商家、艺术机构进驻宽窄巷子，如翟永明、石光华、李亚伟等著名诗人，"香港室内设计之父"高文安，旗人后裔那木尔羊角则长居于宽窄巷子的恺庐中，从事音乐与雕塑创作。宽窄巷子还长期举办文化创意产业博览会、创意生活节和各种展览活动，"宽窄光影"摄影长廊也常年举办各种创意摄影展。宽窄巷子已经成为成都老城区的往昔缩影、记忆深处成都市民文化生活的符号。

成都宽窄巷子通过"整旧如旧"和"整新如旧"有机结合进行改造再利用的政府规划，推动了文化创意产业的进驻，实现了沿袭与衍生，遗存与创新的并蓄。而位于我国南部福建福州三坊七巷的保护和再生，则是通过政府委托专业机构制定"美学经济"的文化创意产业业态激活策划得以开展。

福州三坊七巷在现代城市的发展和道路的不断扩张中已经逐渐退化成两坊五巷，居住环境逐渐恶化，古老而珍贵的建筑物也存在很大的安全隐患。面对三坊七巷种种亟待关注和解决的问题，福州三坊七巷保护开发领导小组和三坊七巷管理委员会于 2007 年成立，2008 年底委托中国美术学院公共艺术学院对三坊七巷的文化商业业态策划展开课题科研和编制实施工作，拉开了以美学经济推动三坊七巷保护性开发的序幕："三坊七巷街区的核心吸引力和美学主旨主要有两个方面：一方面，三坊七巷的历史城市公园遗存所延续的唐宋以来的城市坊巷格局；另一方面，由八个博物馆的展示和参与等多功能的视觉审美和博物馆体验构成三坊七巷文化历史纵深度的挖掘和核心看点。从这方面来说，三坊七巷的审美功能有更深的文化底蕴，聚集了更丰富的可供消费的美学产品。"①

被誉为"明清建筑博物馆"的福州三坊七巷，通过八大博物馆和一批颇具特色的名人故居、古建筑遗产的保护和激活，延续部分故居和建筑的

---

① 马钦忠. 福州三坊七巷历史街区的保护与"美学经济"的振兴计划 [J]. 中国公共艺术与景观，2010（3）：129.

居住功能，降低其使用强度等，以对坊巷格局的保护、对名人故居的博物馆式打造，作为激活三坊七巷文化商业业态的美学主旨和核心吸引力；将内部空间功能格局规划为文化展示和接待区、休闲商务和文化创意区、旅游商业区和居住功能区四大类型区域，在充分考虑三坊七巷的地域性、历史性和文化特性的基础上进行文化创意产业的业态打造；利用三坊七巷已有的传统文化活动、现有的文化遗产和文化资源，举办各种文化创意产业活动，以"活动经济"带动文化创意消费和旅游消费，创造了经济价值、社会价值和学术价值，实现了工艺产业的升级、创意产业的升级、旅游产业的升级以及服务产业的升级，努力传播和激活福州老城的生命力。此外，三坊七巷以"美学经济"作为文化创意产业业态激活的模式，其文化创意消费和旅游消费提升了周边白马北路、于2011年获颁"福州市第一批文化创意产业示范基地"的"勺园壹号"文化创意园区的人气，从而互相带动，协同发展。

第三节 历史文化空间对主导性 文化创意产业的选择

闲置空间保护和再生中的文化创意产业集聚，主导性文化创意产业的选择是一个关键问题，选择的成功与否会对闲置空间的再生和未来发展产生直接影响。再生后的闲置空间效用要得到最大程度的发挥，应使文化创意产业的进驻和集聚与闲置空间再生的定位相一致。通过合理的规划和分工，突出各个闲置空间的资源特色和优势，减少和避免资源的浪费，以及各区域文化创意产业的趋同化现象。

文化创意产业具有较强的持续创新能力，能够较为快速、较为有效地吸收创新成果。闲置空间中主导性文化创意产业的发展，其关联效应和扩散效应应有效带动其他相关产业，对区域经济的发展产生积极影响。为此，闲置空间中主导性文化创意产业的选择，应遵循以下几个原则。

首先是产业关联最强原则。产业关联是指在经济活动中，各个产业之间存在的广泛的、复杂的和密切的经济和技术联系。各个产业之间连接的不同依托构成了产业间联系的实质性内容，主导性产业的各个方面变化会对相关产业部门产生直接和间接的影响，形成产业关联效应。闲置空间再生中的文化创意产业进驻，对主导性文化创意产业的选择应尽可能考虑产业关联性程度，主导性文化创意产业和其他相关产业应存在较强的产业关联，以此带动其他相关产业的发展。

其次是区域优势最显原则。闲置空间再生中文化创意产业的进驻和集聚，是基于闲置空间的资源特性优势的，因此必须考虑闲置空间所在区域的资源特性优势，使该区域的环境、人才、资金、技术等各个方面得到最大化的利用，充分发挥区域优势，尽量利用区域资源实现专业化分工。

再次是生态环境与可持续发展原则。自然和人文生态环境是闲置空间特殊的地理资源，闲置空间再生中的主导性文化创意产业选择应最大程度地兼顾自然环境和文化生态的保护和治理，实现闲置空间再生区域的自然生态和人文环境的可持续发展。

最后是经济效益最好原则。经济效益是通过劳动和商品的对外交换所获取的社会劳动节约，是以尽量少的劳动耗费获取尽量多的经营成果，或者以同等的劳动耗费获取更多的经营成果。经济效益是成本支出、资金占用和有用生产成果之间的比较：成本支出较少，资金占用较少，有用成果较多，经济效益就相对较好。经济价值是一切价值的基础，提高经济效益具有非常重要的意义，闲置空间再生中的主导性文化创意产业选择，应尽可能优先考虑经济效益较好的产业，为闲置空间保护和再生的现实需求提供经济保障。

第四章

城市历史空间的保护
和场所文化精神的发扬

第一节 城市历史空间中历史文化
要素的系统整合

一、对城市历史文化要素进行整合的意义和目的

"整合"是现代城市设计的重要方法。城市设计本身即是城市各个组织要素合目的性（设计目标）、合规律性（变化的城市发展要求）的立体整合过程。通过在城市发展中进行设计创作，实现城市设计要素的系统优化。以城市历史文化保护为主要价值取向的城市开发，是立足于城市历史文化保护的基础上，对历史地段的历史文化要素和城市其他要素的重新整合，以达到保护和发扬城市特色的目的。

"整合"是旧的系统中各要素在新的多重外力作用下，形成新的系统的过程。按照系统论的观点，所谓系统，是由各个要素或子系统相互联系、相互作用构成的有机整体，系统的总体功能和特征不同于构成它的各

个要素的特质，"整体大于其各部分之总和"，系统内部各要素的非加和性是系统的重要标志。整体性原则是系统方法的重要原则，它必须通过有目的的"整合"才能实现。

对存在于历史环境中的历史要素的重新整合，意味着在城市发展的诸多作用力——城市发展的政治、经济和社会的影响力的综合作用下，使历史的要素和城市新型的各要素"整合"成为符合时代发展要求的新的整体。其中，整合的前提是历史要素的合理存在和延续；整合的方法是整体性原则、关联性原则、动态原则和优化原则的综合运用；整合的结果是使得城市历史文化在新的城市结构中获得新的生命力，使城市的特色得以发扬光大。对于历史地段的历史文化要素的整合具体可分为：功能整合、空间与交通环境整合等。

二、城市历史要素的功能整合

城市的"新陈代谢"是历史发展的必然趋势，城市历史地段大多面临建筑破损、城市基础设施老化、城市功能衰退等问题。城市历史地段功能的衰退往往不能满足人们正常的生活要求，严重的则影响城市总体的进一步发展。城市居民生活质量需要提高、产业结构需要调整、城市需要可持续的发展的多重压力使得城市历史地段面临被改造、再开发的局面。

（一）城市中心历史地段的改建

城市历史核心区之所以要改造，不仅仅是因为物质结构的老化，更重要的是调整城市功能结构以适应城市发展的综合需要。历史形成的功能格局已经不适应现代化城市发展的客观要求。要使历史地段的原有物质结构得以留存，就必须对其功能进行整合，寻找和切入符合原有历史地段的新的城市功能，能够创造历史地段新的生命活力。

一般而言，城市历史核心区都地处城市中心地段，商业潜力高，而以城市历史文化保护为出发点的城市设计，决不能以追求开发的商业利润为目标，大拆大建，以大商业、大办公、高强度的土地使用模式摧毁城市的历史环境，而应该根据历史地段的具体情况，以及地段的周边情况确定开发的功能目标。

1. 小规模特色商业功能的植入

1967 年完成的美国旧金山吉拉得利广场（Ghirardelli Square）是公认的通过功能整合，实现历史地段保护性改造的成功之作。在 1 公顷的坡地上，原有的一组砖木结构的巧克力可可工厂和毛纺厂等产业性建筑，被转换成为专门店和购物中心。"凭借原有建筑的丰富性和优点，以及建筑师贝那德（Bernardi）和伊蒙斯（Emmons）及景观建筑师劳伦斯·哈普林（Lawrence Halprin）在建筑物之间编织一个交织着迷人的广场、前庭与步道式样的才能，其设计造就了极为成功的都市场所。"① 吉拉得利广场在经济上的成功，推动了离吉拉得利广场两个街块之遥的罐头厂区以同样的方法处理其所在的历史地段。在吉拉得利广场中，各历史建筑被回廊、楼梯、平台等相互连接，地段的内部庭院空间曲折多变，引人入胜。吉拉得利广场利用地形高差设置停车库，原有钟塔等地标建筑和其他二三层建筑的外观保持了红砖的原样，内部更新以适应专业商店和餐厅等新的功能要求。成功的功能整合，吸引了大量的客流，吉拉得利广场成为城市最有魅力的购物空间。

2. 城市文化功能的植入

在功能衰落的城市历史核心区，通过城市文化功能的植入提升历史地段文化品位，促进历史地区的振兴是欧洲当代城市设计与城市历史文化保护的重要方法。例如，在巴黎贝尔西地区更新改造中，弗兰克·盖里（Frank Gehry）设计的"美国中心"，其目的是通过公众能够参与的各项社会、教育和文化活动促进美、法两国的相互了解，这个位于塞纳河边贝尔西公园内的盖里的作品，成为该地区更新改造十分出色的催化

---

① 豆丁网. 哈尔滨中央大街触媒式更新设计研究 [EB/OL]. https：//www. docin. com/p - 996428402. html.

剂。西班牙巴塞罗那哈瓦勒区（Raval）改建中的理查德·迈耶（Richard Meier）设计的巴塞罗那现代艺术博物馆，以及德国莱茵河畔的法兰克福历史老城中的历史博物馆和席恩美术馆（Schirn Kunsthalle）的植入，都使所处地区的文化品位得到提升，使城市原有的历史文化底蕴得到发扬。

案例4-1：城市文化功能的植入和巴塞罗那哈瓦勒区改建①

今天的巴塞罗那已经没有了大规模的城市扩建，城市建设转向对城市历史街区的持续整治。在强调城市公共空间的同时，更加重视城市文化向度的重要性。哈瓦勒街区坐落于兰布拉（laRambla）大街以西的城市历史街区，14～18世纪时是一个修道院区，1837年修道院的建筑被征用为学校和慈善机构，20世纪后半叶，街区开始走向衰落。

1980年路易斯·克罗德开始研究用文化和教育的功能改建哈瓦勒街区的潜力，评估重新利用街区内一部分历史建筑的可能性，设想将加里达官（Casadela Caritat）改建为画廊，将米塞里格地亚官（Casadela Misericordia）改建为一所大学。1985年规划方案获得通过，正式启动了哈瓦勒街区的改建工程。该规划在保护历史街区场所感的同时，制定了城市功能整合，增加城市公共空间，重新设计步行流线和文化广场，增加地下及地面停车以适应现代城市交通等原则。作为城市设计的一种文化触媒，政府决定在街区内新建现代艺术博物馆，并采用了理查德·迈耶的设计方案。巴塞罗那现代艺术博物馆（Museud'Art Contemporanide Barcelona，MACBA，1995年完工）作为一种增强街区活力的触媒被植入有着中世纪文化底蕴的历史街区，起着重组街区功能、吸引游客、繁荣经济的中介作用。迈耶将博物馆的底层平面设计成为街区步行系统的一个有机组成部分，并由此

①　资料来源：涂放. 沁河中游古村镇保护与发展策略研究［D］. 武汉：华中科技大学，2007.

扩展到整个街区，引导人们穿越历史。与主入口平行的一个通道联系博物馆的后院和新创建的广场（Plazadels Angels），在建筑圆柱形的主入口中，人们可以清楚地感受到这种中介空间的存在。从新旧建筑的对话中感受到历史的变迁和时代的脉动。

迈耶自己认为，他的建筑"以低矮的轮廓和与文脉相和谐的、轻盈的图式在中世纪建筑环境的核心中产生了一种新的韵律和活力"；英国建筑评论家肯尼思·鲍威尔（Kenneth Powell）也认为，"建筑巧妙地纳入了她的文脉之中。由迈耶所创造的形式要素是城市背景下的大舞蹈家之一，它们在欧洲的表演和在美国的是一样精彩的"。

迈耶建筑那种白色的轻柔和力量，使博物馆空间和造型富有艺术魅力，但是这个作品在这样的历史氛围中却显得不和谐。迈耶偏爱白色，但他的作品多少有点美国快餐店的味道：一样的配方和不变的味道，白色光洁的面砖在地中海强烈的阳光照耀下，泛着悬光，与历史建筑那斑驳的暖灰色的调子形成强烈对比。不管你认为在这个场所迈耶的作品是否合适，建筑师自己是不会因为场所的改变而改变其建筑风格的。就如他的另外的作品——德国乌尔姆展览馆（Ulm Exhibition and Assembly Building）和海牙市政厅及中心图书馆（The Hague City Halland Central Library）等一样，他都在城市历史街区中毫不犹豫地加入他的白色的层次丰富的建筑。

与此相比在同一街区中，紧靠巴塞罗那现代艺术博物馆的科技交流学院［Faculty of Communication Sciences，1994～1996 年，建筑师丹尼·弗雷西斯（Dani Freixes）等］和历史环境的融合就显得特别自然。科技交流学院与由历史建筑改建成的昂迪克剧院（Antie Theatre）和现代文化中心（Contemporary Culture Centre）共同围合成 MACBA 的后院。科技交流学院有简约的条形体量，具有教学、会议和管理功能。外墙采用浅灰色铝板，条形窗上配可闭合式遮阳板，给会议室提供良好的遮光条件。建筑在和昂迪克剧院交接处采用透射玻璃体作为过渡。科技交流学院以谦逊的态度，简约的造型融入历史环境之中。

在哈瓦勒街区改建这个例子中，我们关注的是城市文化功能植入和历史要素的整合的重要作用，形态则放在了较为次要的地位，文化功能的重组是哈瓦勒街区的复兴和历史感的延续的本质力量。

（二）城市历史码头地区的改建

城市历史码头地区是工业革命后出现的专用于工业、仓储、交通运输行业的建筑物、构筑物及其所在的城市滨水地区。由于种种原因，它们中有些已失去了原有用途，有些甚至沦为废墟。在历史码头区中仓储建筑是历史遗留下来的主要建筑，原是服务于城市的工业、商业性仓库及设施。另外还有用于交通运输的设施：码头、船坞、货柜、装卸设施如塔吊等。城市发展过程中，历史产业类建筑占有功不可没的历史地位，是城市的重要组成部分。其中有些是现代主义建筑的典范，有些则是当时新建筑技术应用的代表，它们多以城市中的河道、铁路、道路为纽带，相互关联、相互影响，在城市中形成一种独特的产业景观。20 世纪 70 年代早期，学术界和政府机构就明确地将这类地区认定为历史地段（heritagesite），并把一些城市 20 世纪初的工业区规定为历史遗产。1996 年，巴塞罗那国际建协（UIA）第 10 届大会所提出的城市模糊地段就包含诸如工业、铁路、码头等被废弃地段，指出此类地段需要保护、管理和再生。导致城市历史码头区再开发的诱因大致可分为以下三类。

（1）随着后工业时代的到来，世界经济结构发生了巨大变化。发达国家城市中传统制造业衰落，发展中国家的制造业也正在逐渐从城市向外迁移。而这些城市中相关的工业、水陆交通、仓储地区和建筑等也如同多米诺骨牌般相互影响，由点及面逐渐衰颓。

（2）生产方式、运输方式的转变致使原有建筑和地区的功能布局、基础设施不能满足新的要求，导致地区的功能性衰退。

（3）随着城市的向外扩展原有产业类用地逐渐被围合在城市中心地带，由于土地区位级差和整治环境污染两方面的因素导致城市产业布局的调整需求。

上述三类情境又往往互有交叉，无论是由政府牵头进行的复兴计划，整治环境污染，还是由土地级差导致的功能转换，都是再开发的契机。采取何种开发模式将直接影响到城市原有空间景观、空间形态及大量产业类历史建筑和地段的存亡，同时在开发投资与环境保护方面的效果也会截然不同，国际上城市更新运动由早期的大拆大建到近期的保护性改造再利用为主，其观念和开发模式的变化十分明显。

改造再利用，结合新建工程，完成地段历史要素在城市功能上的重新整合，这种方式目前在欧美较为普遍。基地的历史文化、景观和生态价值受到重视，开发中采取的是保留再利用的措施，对具有产业文化、产业景观价值的场所进行保护性的开发。成功的例子如意大利热那亚老港口改建、德国杜伊斯堡内港工程、澳大利亚悉尼洛克斯地区改建等。

▎案例 4 – 2：意大利热那亚（Genova）老港口改建①

热那亚是意大利重要的历史城市，从中世纪开始就是地中海沿岸重要的港口城市。热那亚至今仍然保持着商贸中心的地位，在它古老的街道两边，除了原有的教堂与广场，还有 19 ～ 20 世纪开发的大规模的项目。热那亚是商业、教育业以及艺术活动的中心，也是利古里亚人聚居的首府。老港口自身从古代的码头向外扩展到了邻近城市中心的地方，它依然在区域的经济中扮演着非常重要的角色，但是也日渐与城市的生活脱节。这个热那亚城市中发挥重要作用的港口，一直没有对游人开放。

伦佐·皮亚诺（Renzo Piano）建筑设计事务所，在 1984 年开始为港口在 1992 年的纪念哥伦布（Columbus）大西洋航行 500 周年纪念日进行准备。皮亚诺确定老港口为这个纪念仪式的选址，成为这个区域开始通向

---

① 资料来源：意大利热那亚：历史内城更新案例分析 ［EB/OL］．［2016 – 06 – 27］．http：//www. pku. tech/4312. html.

新世纪的一个触发点。功能转换、发展旅游业是港区改建的主要目标。皮亚诺认为，老港是这个城市潜在的商业与文化生活最适宜的地方，他的战略是历史性建筑的保护和再利用与新的建筑形式相结合，并且，将20世纪后期的新建筑形式引入到现有的区域中来。在地段中间，留存下来最大的建筑群，是20世纪初叶开设的巨大的棉花仓库。这些建筑早已废弃，现存结构被原封不动地保留下来，并转化为展览空间使用。后来又对建筑的内部进行了彻底的改造，建成了一个有1500座位观众席的会议厅。每一个重建的区域都需要自己的标志，或是标志性建筑来将其与其他区域区别开来。皮亚诺为老港口设立了一组标志性构筑物——一个生长在水面上的铁架，它看上去非常夸张，本身巨大的钢结构仅仅用于支持一个电梯，将游客们带到上面去感受刺激。这个耗资巨大的构架得到了相当的回报，它将人们带到了一个全新的港口区域中。这个名港区域的成功重建带动了对该城市附近区域的投资，而那些原来被认为将会永远衰败下去的街道也渐渐地繁荣起来。

案例4-3：德国杜伊斯堡（Duisburg）内港工程①

杜伊斯堡位于莱茵河与鲁尔河（莱茵河支流）的交汇处，是德国19世纪重工业区的中心。由于近年来对钢铁行业和煤矿工业的需求大大降低，20世纪80年代后期，这里已经成为当时的联邦德国失业情况最恶劣的地方之一。1991年，当地政府为这个原先非常繁荣而现在几乎完全荒废的地方内港举办了一次国际竞赛，意在将内港设计为城市的经济中心，为城市与该地区的工业转化找到新的出路。竞赛的结果，福斯特（Foster）及其合伙人事务所取得了成功。内港是杜伊斯堡中非常重要的一个区域，它有18千米长，是世界上最长的内海港。之所以选择这个地方进行城市

① 资料来源：王珏. 杜伊斯堡内港，德国 [J]. 世界建筑，2001 (6)：42-45.

复兴的设计，是因为这个区域与城市中心的联系被水域隔断，急需寻找一条好的思路来改善区域的状况。整个 89 公顷的设计区域中包含有许多值得再利用的旧仓库和大量的空地。这些都需要进行综合的考虑：

（1）治理水系。创造适于休闲娱乐的滨水场所。首先，通过环境整治将原先被严重污染的港口系统地净化，鱼类可以重新回到这里生存，并鼓励在滨水区域设计一定的休闲与娱乐空间。其次，利用一条在 1999 年建成的跨水的公路大坝的蓄水功能，使港口蓄水到 7 米深。这样，游船可以便利通行，港口就完全发挥出其在娱乐方面的潜力来。

（2）商业开发。植入新的功能，使该地区具有城市高质量生活的吸引力。在内港南面，新开的湖面旁边，建成一片吸引住宅开发的区域。沿着内港区域的北面，"欧洲大门（Euro Gate）"工程开发了大量的公寓和办公用房，还有商店、餐厅旅馆等等。规划吸引了大量的群众来接近这个新生区域（这正是与绝大多数伦敦码头发展项目的私人化与孤立性正好相反的例子）。在内港的西边，一条 660 米长的散步道依水而行，沿着道路边设置了许多的浮桥码头，为游船提供泊岸的可能。

（3）对现有建筑物进行创造性地利用与改造。一个原先用于储存谷物的仓库，现已被改造成为策划运作整个内港工程的一家发展公司的总部，并带有可出租的一些办公用房和餐饮用房。这个工程成了其他一些改造项目的示范。事实证明，只要经过精心的设计和灵活的空间分割，可以让这些仓库改造成为非常像样的住宅、办公楼和一些艺术家及手工艺者理想的工作室。内港工程是继欧洲与北美一些滨水地区改建后取得成功的又一例区域改造设计。

案例 4-4：澳大利亚悉尼洛克斯地区改建[①]

洛克斯区（The Rocks）位于悉尼西海岸的悉尼湾（Sydney Cove），

---

① 资料来源：作者根据相关资料整理。

原先系欧洲移民来澳淘金聚居的地区，是悉尼的主要起源地之一。

在城市的不断发展和现代化进程中，悉尼海湾开发局曾经一度想将该地区彻底改造成高层商务建筑的建设用地，并进行了设计方案的征集，设计要点建议沿海滨建设居住写字楼和城市广场。参赛方案中最具想象力的是赛德勒（Seidler）的参选方案，他的规划设计是要全部拆除旧房并新建一系列呈曲线状的板式大厦，但其规模之大使人怀疑是否有实现的可能性以及是否有必要一定要如此大拆大建。如同世界上许多城市滨水地区一样，洛克斯区虽然在当时已经严重衰败、盗贼横行、治安很差，但该地段同时也是战后一处颇具生活氛围的居住邻里。后来专门成立了悉尼港再开发局，再开发局主张开发应与保护并重，并确定了文化、社会和历史价值优先、经济振兴次之的工作原则，加之有关社团组织的奔走呼吁和努力，政府最终决定放弃原计划，并在 1976 年最终将洛克斯确立为悉尼的重要历史地段。

洛克斯区以历史文化保护为出发点的历史街区的持续整治，取得了良好的效果。首先是保护有重要历史意义的建筑。例如，悉尼中心城区现存最古老的建筑、建于 1816 年的卡德曼斯农舍（Cadman's Cottage），位于悉尼港大桥边的坎贝尔仓库（Campbell's Cove）。其次，展开了系统的建筑和环境保护修复、更新和改造的城市设计工作，例如，整治历史街区乔治街以及依托历史环境新建旅游旅馆，加强了该地段面向旅游业的综合使用功能，使景点分布和联系更加合理，并取得了良好的经济效益。今天的洛克斯区已经成为悉尼最重要的历史人文景观之一。

（三）国外历史码头地区的改建对上海新世纪浦江两岸改造的启示

上海在历史上以港兴市，黄浦江水道交通运输繁忙，两岸码头、仓库、工厂林立，著名的外滩是上海的象征，黄浦江作用不可替代。随着浦东开发和城市产业结构的进一步调整，黄浦江水道及两岸的功能已不能适应上海的发展，原来的以交通运输、仓储码头、工厂企业为主的传统产业功能，转换为以金融贸易、旅游文化、生态居住为主，实现由生产型到综合服务型的转换，这是城市发展的必然趋势。这一功能的转换，意味着从杨浦大桥到南浦大桥之间总长达 8.7 千米的区域内，原有62 个港区码头的装卸功能将退出历史的舞台，许多历史产业类地段面临着更新改造。从上述国外历史码头地区改建的实例，我们可以得到一些有益的启发。

城市历史产业类地段中，有许多是值得保护和再生的；历史产业文化的保护和发扬应该成为浦江两岸综合开发的主要目标之一。

历史产业类建筑物、构筑物的改造和再利用，有着丰富的潜力，它们的物质结构和象征意义为历史产业类地段的功能转换提供了一个历史平台。充分发掘历史产业类建筑物、构筑物的使用价值，新建和改建相结合，才能够在浦江两岸综合开发实施后，让人们从这道亮丽的城市风景线上看到上海都市文化的底蕴，体现出上海的文化品位和文化地位，提升上海城市的文化层次。

三、城市历史要素的空间整合

历史要素的空间整合，即重新调整历史地段中原有历史文化要素的关系，有目的地创造新的知觉关联，使得原有分散的相对孤立的历史文化要素，在新的系统中得以联合，从而使历史地段的历史感得以加强，并且达到发扬城市历史文化的目的。

（一）历史要素连接——关联耦合法

城市设计中的"关联"是指，城市设计要素之间的某种特殊的联系，而这种联系会对要素本身的存在特性产生影响。"关联"是要素在系统中的关联，强调系统内部要素间的相互联系、相互作用的方法或秩序。所谓关联性，是指建筑与所处环境——包括自然环境、人工环境和人文环境之间的一种能够决定和改变建筑存在意义的联系（伍江，1986）。麦奇认为，"耦合性"是城市外部空间最重要的特征。耦合性是城市的一种线索，它是统一城市中各种活动和物质形态诸层面的法则，城市设计涉及各种彼此无关事物之间的综合联系的问题。

"在城市空间设计中，耦合的分析途径主要是通过基地的主导力线，为设计提供一种空间基准，把建筑物与空间联系在一起，这种空间基准可以是一块条形基地、一条运动的方向流、一条有组织的轴线，甚至是一幢建筑物的边缘。一旦其所在的空间环境需要发生变化或做出增减时，这些基准就会综合发生作用，表现出一个恒常的关联耦合系统。"[1] 在历史地段的更新改造中运用关联耦合的设计方法，就是力图建立地段中原来缺乏联系或没有联系的历史要素之间的某种关联，这种关联的建立依靠巧妙的城市空间设计和为城市服务的功能的介入。

案例 4 - 5：法国荷塞镇政府地区改建[2]

荷塞（Reze）镇，法国南特大区的一个部分，位于卢瓦尔河南侧，与南特市隔河相望。面积 1543 公顷，人口不足 5 万人，城市宁静祥和。在 1000 年的历史中已是第 5 次建造其镇政府了。现在的市民委员会建筑是 1895 年建成。1987 年荷塞镇为解决政府机构分散、办事效率低等问题，决定再次重建镇政府。由于历史的原因，基地仍然选择在原来镇政府所在地，并且希望新建筑能给地区提供强烈的象征形象，修复城镇中心自然界限。

意大利建筑师亚尔桑德罗·安塞尔米（Alessandro Anselmi）以他对场地独特的理解和敏锐的历史感，从 6 个竞争对手中脱颖而出，获得了评委的肯定，满足了由雅克·弗洛克（Jacques Floch）和荷塞镇议员们提出的十分苛刻的设计条件：尽量利用原有历史建筑；方便市民日常生活；增强地区场所感。建筑师大胆而有创意地构思场地中原有的零散分布的重要

---

① ［美］特兰西克. 寻找失落空间［M］. 朱子瑜，译. 北京：中国建筑工业出版社，2008.

② 资料来源：作者根据相关资料整理。

历史要素：圣彼得教堂（St. Peter's Church）、玛利亚广场（Marienplatz）和柯布西埃设计的阳光住宅。它们被视为重组城市空间，发扬场所文化精神的重要历史因素在空间上加以整合。

新的政府办公楼的设计，不是在街区中形成集中的体量来体现政府机构的威严，相反，建筑师充分利用原有历史建筑，以小体量的建筑尺度围合城市空间，在地面上将办公楼分为东西两个部分，并且留出可通达卢瓦尔河的城市步行道路，试图建立同样被作为文物建筑加以保护的阳光住宅和位于玛利亚广场的圣彼得教堂之间的视觉联系。地下则部分连通。场地中原有的三栋历史建筑被巧妙地组织在新的建筑空间中，共同限定出象征乡村景观的花园和步行道路，同时也是联系历史空间的视觉通廊。从绿树掩映中的柯布西埃的阳光住宅出发，步行穿过柯布西埃大道，在镇政府花园步行道的入口处，就可以清楚地看到作为地标的圣彼得教堂的尖顶在弧形的水平延展的墙面衬托下挺拔的身姿。而阳光住宅也成为花园步行道中间及另一侧的玛利亚广场的流动对景。在这条富有历史感的轴线上，步行道路靠教堂的一侧有一条流动的小溪和一排富有象征意义的灯柱，与南高北低的地形相呼应，形成具有田园特色的城市历史空间，并且加强了地区的场所感。

案例 4－6：伦敦泰特现代艺术博物馆改建和千禧桥的建设①

如果说 J. 斯特林 1987 年在伦敦对位于米尔班克（Millbank）的老泰特美术馆（Tate Gallery）克洛新馆（Clove Gallery）的设计，是在历史地段处理新旧建筑的关系，寻求新建筑与历史的精确对话，那么作为老泰特

---

① 资料来源：嵇玮，韩月娥，王媛媛. 老城内点状历史建筑周边空间形态的整合［A］. 中国城市规划学会. 城乡治理与规划改革——2014 中国城市规划年会论文集（06 城市设计与详细规划）［C］. 北京：中国建筑工业出版社，2014：245－255.

博物馆的现代艺术分馆的泰特现代艺术博物馆（Tate Gallery of Modern Art），人们称之为"泰特现代"的改建设计，则是完全从城市的角度综合考虑历史建筑的再利用、城市历史文化的保护和发扬、激发和重振城市活力和丰富日常生活的意义等多重因素的成功范例，反映了当代城市设计与历史文化保护的互动关系，以及城市历史文化保护与发扬在城市发展中的重要推动作用。

1. 城市空间的重新整合，促进地区经济发展

20 世纪末～21 世纪初，伦敦市圣保罗大教堂（St. Paul's Cathedral）周边地区的城市改建、泰特现代美术馆及千禧桥（Millennium Bridge）的相继落成，是伦敦令世人瞩目的城市复兴计划之一。2000 年 5 月份开放的泰特现代美术馆址选定于伦敦市中心泰晤士河南岸发展滞后的南渥克区（South Wark）废旧的河岸电厂处，与河北岸的圣保罗大教堂隔河相对。其原因除了河岸电厂本身具有的大容量空间及其地处泰晤士河边的地理优势外，还和电厂所处的区域有关。一方面，南渥克区在 16～17 世纪曾是伦敦的红灯区，到后来由于其廉价的仓库空间吸引了大量的移民艺术家和工匠，他们将此作为生活和创作的聚集地。另一方面，快捷便利的地铁干线也把该地区和伦敦其他地区更加方便、直接地联系在了一起。此外，政府也借助其间已存在的发展动势，把现代艺术和文化复兴作为推动此区更新发展的策略。

N. 福斯特设计的千禧桥，是目前泰晤士河上唯一仅供步行通行的桥梁，它的建成使城市中原有的缺乏联系的公共空间被联系在了一起。泰晤士河北岸的城市金融区通过圣保罗大教堂、千禧桥、河边花园以及泰特现代的中央涡轮大厅与南部的南渥克区纵贯串联。城市中心区的经济活力和大量人流被泰特现代的文化中介所吸引，穿越泰晤士河，继而扩散到整个南渥克区。在这里，作为伦敦城市古老历史文化象征的圣保罗大教堂和作为现代城市文化象征的泰特现代被一条美丽而有些脆弱的"脐带"相联系。城市的步行交通系统纳入了城市历史文化保护之中，城市古老的文化传统在泰特现代得到了进一步的发扬。

这种在地区内文化功能的植入，城市交通系统的完善，加之以城市历史与现代文化的冲突与融合的无穷魅力所产生的巨大效益是十分明显的。这种开业的盛况，我们也可以从另一个侧面感受到：N. 福斯特专门为泰特现代设计的钢结构的千禧桥，在试用期由于不能抵抗周末大量人流通过，而产生巨大的摇晃，因此被迫关闭调整。

2. 城市公共空间的创造成为历史建筑再利用的主题

利用历史产业建筑改建而成的泰特现代，不仅要为展示日益增多的 20 世纪的现代艺术品提供足够的空间，更重要的是为城市创造有利于人们交往聚会的公共空间。原发电厂内部巨大的涡轮机房被保留了下来，它不仅是美术馆的前厅，更好像是城市的一个公共的讨论厅。

由于除特殊展品外，泰特现在是免费参观的，市民从北侧的主入口和西边的坡道可以自由出入这个大厅，欣赏大厅内被按比例放大的雕塑作品，感受新旧交融的建筑空间，任意地游憩交往。"涡轮大厅是一个 152 米 ×24 米 ×30 米的巨大的虚空体，巨大的钢柱及上面粗壮的铆钉支撑着完全暴露的屋顶构架，天光从一排狭长的天窗撒落下来，宏伟的空间使光线漫射朦胧，从而形成一种纯粹精神上的升华。一条和大厅等宽的巨型坡道从建筑西面的室外园林缓慢隆重地沉入涡轮大厅之中，它中和了建筑物和城市空间的冲突，模糊了室内与室外的差别，打破了建筑物墙体四面围合的空间，把室外园林和室内大厅融为一体，让参观者在不经意之中从地面层下降到地下一层，从而对整个涡轮大厅及北侧的地下书店、地面咖啡厅、南北平台桥楼上的展厅及南侧准备扩建的地下圆形油罐、电流转换车间形成了一个全景式的视窗。"[①] 如同伦敦大英博物馆改建和皇家歌剧院扩建等伦敦著名的千禧年的改建工程一样，为城市创造有益的公共空间成为历史建筑改建的主题。

历史要素的空间整合，不只是简单的组合关系。对城市空间中原有

---

① 张倩. 泰特现代 [J]. 世界建筑，2002（6）：80 - 89.

孤立、分散的历史要素的空间整合，应注重历史要素间时间和空间的关联性原则，建立历史要素间在空间结构及起源等方面的联系，引入城市功能，使人们在使用城市空间的过程中，感受到历史要素在逻辑上的联结关系，并且遵循动态的原则，加入时间的因素，考虑历史因素景观序列的分析研究，使得历史的空间和现代的城市空间要素相结合。在连续的视觉景观的系统中，历史要素是空间的标注，现代的功能则成为历史要素系统整合的中介，它们共同以最佳的联结关系向人们传达历史信息和历史环境的时代感。

（二）历史要素的展示——步行网络法

1. 城市传统的商业步行空间

城市步行街道犹如城市风貌的展示走廊和橱窗，最能显示城市的特色景观，让人们了解其城市精神和历史文化的底蕴。在汽车交通成为城市交通的主宰以前，街道和广场几乎都是步行者的天堂。欧洲历史古城以广场为核心的发展模式，保持了广场和街道空间并重的特点，同时用来组织商业活动。有些保护完整的欧洲小城市至今仍然保持着这种特色，并且在保护原有建筑历史真实性的前提下，对历史建筑进行改造，以适应现代生活的要求。如德国古城弗赖堡（Freiburg），教堂前的广场仍然是商业集市的中心，城市的空间形态保持着中世纪城市的韵味；德国小城特里尔（Trier）古罗马时期的历史遗迹"黑门"是城市中心商业步行街的重要对景，为原本就古色古香的街道更添一份文化底蕴；锡耶纳（Siena）是意大利中世纪重要的商业城市，坎波（Campo）广场是城市历史空间结构的中心。城内的主要街道在此汇合，形成以广场为中心的城市公共的步行活动的系统。该广场从 17 世纪起，每年 7 月 2 日和 8 月 16 日都要在大广场举办"赛马节"，由全城 17 个教区的 10 个教区轮流参加赛马，从选手们狂热的参赛激情中可以看到中世纪的遗风。

中国的城市则是以"街"为中心发展起来的，发展到宋代，社会突破了前朝沿用的"里坊"制度和将手工业、商业店肆集中在固定市场内的封闭格局。北宋的首都东京在五代后周改建汴州为都城时就已临街设店，此后的宋朝逐渐形成了"按行业成街"的情况，一些邸店、酒楼和娱乐性建筑也大量沿街兴建起来。宋人的《东京梦华录》和《清明上河图》对当时汴京三街六巷的热闹场面都有详细的记载和生动的描绘：街道两旁鳞次栉比的商店、高低错落的酒楼和生动多样的市井生活共同组成了一派繁华的步行商业街的景象。在近代西方大型商场等商业购物模式引进之前，街市一直是中国传统商业步行空间的构成方式。

2. 现代商业步行空间和城市历史文化展示

20 世纪 40 年代以后，欧美发达国家的现代商业步行街有了很大的发展，许多城市的商业中心经历了从市区到郊区、然后再返回市区的变化过程，反映了城市历史中心区在城市现代化过程中的角色的转变：从原来具有吸引力的历史城市中心，到因生活环境质量下降所导致城市中心区的衰落，再到城市历史中心区的振兴的过程。20 世纪 70 年代兴起的旧城中心的振兴运动，是人们对于城市历史文化保护的需求，及恢复城市历史形成的内聚力所做出的努力。"商业区重返城市，不可能是简单的重返，也不可能仍然保持原有商业街的旧形态。它必然是结合旧城的改建计划，重新对城市空间进行再评价、再认识。重新评价城市空间和环境艺术对人的影响，重新认识人在城市空间塑造中的地位、价值和所能起到的支配作用，重新认识中心商业区的回归对城市景观特色创造的意义和丰富城市文化的作用。"

案例 4 – 7：法国南特市（Nantes）商业步行网络设计①

城市历史文化的展示和文化氛围的创造。充分利用原有商业街市及历史建筑，建立步行休闲购物系统以保护传统商业街道的魅力，是法国许多

---

① 资料来源：张凡．法国城市历史地段景观创造与城市设计［J］．时代建筑，2002（1）：38 – 41；郑利军．历史街区的动态保护研究［D］．天津：天津大学，2004.

城市如南特、里尔、里昂（Lyon）、图卢兹（Toulouse）等的共同特点。南特市的商业步行街位于城市历史核心区，属于城市历史保护区的一部分。在五十人质大街西侧，建立以老证券交易所和商业广场为核心的步行系统，并且通过有百年历史的室内商业街——波梅里通廊（Passage Pom-meray）和高差达 9.4 米的嘉士林区的步行街相联系。在五十人质大街东侧的中世纪历史城区内，建立了以圣卡可教堂及布菲广场为中心的步行系统，形成南特最有活力的以餐饮为主的步行街区，这里各种档次的西餐厅、中餐厅、土耳其餐厅及日式餐厅星罗棋布，步行街成了餐厅大堂的延续、城市的客厅。每到夏日的夜晚，街道变为人们就餐休闲的理想场所，反映出典型的法国文化，使原本就富有历史文化的建筑、街道和广场更具魅力。

城市区域的交通整治在商业步行区内，除了绝对的步行购物街外，还有限制机动车交通的街道，例如规定在与步行街相关联的车行道上的行驶速度不得超过 30 千米/小时（如联系东西两大步行街的奥尔良街）。既保证了汽车的可达性，又能使行人获得安全舒适的休闲购物环境。然而，值得注意的是，建立步行区和交通控制区的前提，是城市范围内的交通整治。在 20 世纪 90 年代初，南特市建造了两座新的跨越卢瓦尔河的大桥，完善了城市外围的环线交通，用以分散进入市中心的汽车流量，随后设计了公共有轨电车线路，鼓励市民采用公共交通出行，城市范围的交通整治为随后的五十人质大街交通整治和环境设计提供了良好的基础。1990 年，市政府举行了针对城市中心公共空间整治的国际投标，提出改善城市历史街区被五十人质大街所割裂的现状，进行交通整治及景观设计，提升地区经济活力的城市设计目标。在众多参选方案中，建筑师 B. 弗蒂尔（B. Fortier）和 I. 罗塔（I. Rota）为首的设计小组的城市设计方案，以在城市中植入大量绿化空间及引入有轨电车线路等特点而中标。由于五十人质大街及费都岛都处在南特城市历史文化遗产保护区内，因此城市设计以保护原有历史建筑及城市形态为出发点，控制开发建设项目，着重对街道的交通、街廊设施及景观进行改建设计。

在城市中心引入公交有轨电车线路，此举不仅为五十人质大街提供了稳定、高效、快速的公共交通，方便市民出行，而且造型新颖的电车本身就是城市一道流动的风景线。城市设计以此为基础，将原来 8 车道的汽车交通和大量停车空间转变成适于步行使用的景观空间，改造后原先 5 公顷的交通面积，现在其中 4 公顷是留给步行空间和有轨交通空间，只留下 2 车道外加临时停车的汽车交通宽度，从而在不影响可达性的前提下，改善了五十人质大街的空间环境品质。通过精心设计花坛、坐凳、街灯、铺地等，并结合道路的曲折变化，灵活布置各种活动空间，使街道更加充满浓郁的生活气息，从而使原有的城市历史文化得到发扬，还街道以人性的尺度。在加强街道两侧步行商业街联系，促进公共活动交流和地区商业发展的同时，创造出独具特色的城市中心的新景观。1997 年东西向贯穿城市中心的有轨电车线路建成通车，使城市两大步行网络在沿福兰克林·罗斯福大街的两个重要节点——商业广场（广场有电影院、咖啡馆、文化和音像制品商店、银行；地下有 AIA 事务所设计的大型停车场）和布菲广场（餐饮业为主，有中餐馆、土耳其餐馆及本地的特色餐馆，对面有停车场）产生了高效便捷的轨道交通联系。

案例 4-8：德国慕尼黑（München）商业步行街设计①

与市镇人口之和只有 50 万人的法国南特市相比，拥有 200 万人口的慕尼黑的城市规模是相当大的。战争中慕尼黑有 2/3 的建筑被全部摧毁或部分被摧毁，作为德国历史悠久的古城，在战后重建伊始，慕尼黑就十分重视城市历史文化的保护。经过近 20 年的努力，慕尼黑一系列的重要历史建筑得以修复，古城的格局在城市发展中也得到尊重，并因此获得当时

---

① 资料来源：作者根据相关资料整理。

联邦德国旧城保护的金牌奖。1972年的奥运会是这座历史古城发展的良好契机，除了奥林匹克中心外，慕尼黑老城中心商业步行街的建成是城市规划建设的重大成就。

慕尼黑老城中心商业步行街主要呈线性发展，东西走向的芬考格商业步行街和南北走向的凡恩商业步行街在玛利亚广场处交汇。城市历史核心区主要的标志性建筑由步行街串联起来，步行街西端以火车站为起始点，使城市的历史风貌更加容易向游客展示，初到慕尼黑的人们往往立刻被城市这一条历史的橱窗所深深地吸引：圣麦克尔教堂、弗劳恩大教堂、玛利亚广场、新老市政厅和王宫优雅而有节奏地向人们讲述城市的悠久历史，令人流连忘返。慕尼黑老城中心商业步行街线型走向的选址，不仅需要考虑城市历史文化要素的联结，也需要城市立体交通的支持，这样才能提高步行街的可达性，并使地段经济、文化活力具有向外辐射的能力。城市快速地铁和另外两条普通地铁在步行街的重要空间节点交汇，结合地面的公共交通形成了高效能的立体换乘系统，在保护好城市历史肌理的同时，解决了古城内部的交通和现代城市快速交通的问题。地上地下立体发展，使慕尼黑商业步行街设计成为保护型城市设计的优秀典范。

案例4-9：德国莱茵河畔的法兰克福城市步行系统设计①

作为"文化时代"的产物，法兰克福城市步行系统的设计完成于1985年，这个城市设计充分体现了对人的关怀，及对历史、民族和地方特色的尊重。城市重要的历史要素被纳入城市的步行系统，使历史文化成为步行街的重要组成部分，而系统化的整合所造就的新的文化联结，进一步发扬了历史的价值，扩大了其辐射的范围。

---

① 资料来源：作者根据相关资料整理。

（1）步行网络——城市历史重要元素重组的基础。法兰克福城市步行系统由东站到蔡尔（Zeil）大街一线的东西向部分和南北向的经过圣保罗教堂直到莱茵河边的两大部分组成。其中南北轴线部分，除了一般意义的传统建筑及街道空间外，还有许多散落在城市中的重要的历史元素，例如具有重要象征意义的圣保罗教堂。圣保罗教堂始建于1789年，1833年完工，全部用莱茵河下游地区特产的红色砂岩砌筑而成。这种色彩是法兰克福城市的特色元素。此外，步行系统使市政厅广场、广场中的小教堂、古罗马遗址和哥特式大教堂等共同处在一连串的城市公共广场群落中，成为在城市空间上相互联系、在城市意向上相互关联的一个开放的系统，人们可以在轻松的漫步中，不断发现这些场所，体会其蕴含的意义，从而对城市的历史文化形成一个连续的印象。

（2）历史景观的再现——重塑历史建筑所处的历史环境及场所。勒默尔（Romer）区是城市南北步行系统的重要节点，这里是老城的中心，有市政厅广场、独具德国风格的木构民居、小教堂和狭窄的街道。1944年除了广场东部的哥特式大教堂外其他建筑几乎彻底毁于大轰炸。再现历史景观主要是在广场一带恢复历史风貌：广场南侧的小教堂得到了重建，围合广场的界面也按传统民居建筑风格重建，在造型、色彩、比例上都进行了仔细的研究，广场向东转向大教堂的街巷也增加了层次，使人能联想起中世纪的街廊尺度。历史景观环境的重建，使重要历史建筑不孤立地处于现代建筑的包围之中，对德国人来说，既能振奋民族精神，又可以使历史要素得到整合。

（3）新功能的植入——提升地区文化品位。勒默尔区先后建成了商业娱乐设施、880个车位的地下停车场、历史博物馆和席恩美术馆等一系列公共建筑，其中历史博物馆和席恩美术馆的植入使该区的文化品位得到提升，并使勒默尔区步行街具有区别于其他步行街的显著特征，大教堂前的古罗马遗址在席恩美术馆隐喻中世纪法兰克福城市街巷空间界面的连续柱廊的衬托下，散发着浓郁的历史气息。博物馆、美术馆和历史建筑一起形成新的文化景观。

3. 城市历史中心商业步行街的特点

商业步行街与城市历史文化的系统展示相结合，是欧洲城市当代步行街设计的一个显著特征。城市历史文化的魅力成为现代城市商业繁荣的基础，并且促进商业旅游和文化旅游相结合。以上的欧洲商业步行街设计的实例反映出，现代的城市历史中心商业步行街的设计有如下几个特点。

（1）为了保持传统商业街道的艺术魅力，使商业步行街具有丰富的文化内涵，以增强地段的场所感和吸引力，必须对地段的历史要素在空间进行整合，展示城市的历史文化；既要注重商业街的功能特色，如商品的类别、特色商店的组合，又要加强文化特质的彰显。

（2）为了满足地段有较强的可达性，又要融合"购物中心"所具有的安全方便，使之成为"步行者的天堂"，商业步行街的设计必须与城市旧区的交通整治相结合，解决交通换乘和汽车停车的问题。

（3）为了提供舒适、多功能的集休闲娱乐为一体的购物环境，需要对商业步行街硬质景观重新整合设计，提供良好的视觉景观和实用的城市街道的家具，控制街道的广告招贴和建筑标志，维护历史建筑和城市景观的协调和完整。

第二节　城市重要空间节点历史感的保护和场所文化精神的发扬

一、城市空间节点的概念和作用

城市的空间节点是人们可以清晰地感受的城市公共空间，是城市某种功能和活动的聚集场所，是城市空间序列的高潮所在。城市重要的空间节点通常表现为不同形式、不同性质的城市广场，也可能是城市中的一个区域的中心。"节点是在城市中观察者能够由此进入的具有战略意义的要点，具有连接和集中两种特征。"

　　由于重要城市的空间节点在城市空间形态中处于关键的位置，结构清晰，独具个性特质的空间节点成为城市中最有魅力的外部空间，是展示历史文化精华、塑造城市形象的关键点。诺伯格·舒尔茨（C. Norberg-Schulz）认为我们可以通过区分"空间"和"空间的特性"来体验场所。因此，所谓场所文化精神的发扬，就是要通过城市空间的设计，达到凸显空间特色的目的，使场所的"特质"即精神得到发扬。下文结合实例具体分析城市重要空间节点历史感的保护和场所文化精神的发扬的几种方法。

二、连接与缝合——城市历史中心场所文化精神的重建

　　柏林是一座十分特殊的城市，柏林起源于施普雷（Spree）河畔的两个小渔村，直到 1871 年，才正式成为德国的首都。在战争中柏林受到严重的摧残，冷战时期柏林城又被一分为二，1961 年修建起长达 43 千米的柏林墙，从此，城市被人为地分割，城市的历史精神和文化也逐渐衍生为双重面貌。1989 年柏林墙拆除和 1990 年两德统一，柏林开始了它新生的历程，随着迁都柏林政策的出台，城市迎来了更新改建的高潮，其中最引人注目的建设工程就是施普雷河畔的新政府区的规划和建设。

　　施普雷河就如同上海的母亲河黄浦江，她横贯柏林的东西。柏林新行政中心位于城市中心偏北，基地北部毗邻施普雷河的一道河湾，南部是城市中心绿地。主要建筑物包含新建的联邦议会、总理府和配套的办公建筑以及经改建的国会大厦。新行政中心的实施方案是在 1993 年的国际设计竞赛中被选中的阿克塞尔·舒尔特斯（Axel Schultes）和夏洛特弗兰克（Charlotte Frank）的设计。该方案的突出特点在于结合地形特点将整个新行政中心设计成一个联结东西柏林的 100 米宽、1500 米长的带形建筑群，它被称作"联邦纽带"（Band des Bundes），由西向东两次穿越施普雷河湾，并在两端跨过施普雷河。"联邦纽带"的西边是联邦总理府，纽带的东边是紧靠国会大厦北墙的阿尔森建筑群（Alsen block），端头跨过施普

雷河的部分是路易森建筑群（Luisen block），两者以人行桥相连接，在其南面是多罗特恩建筑群（Dorotheen block）。"联邦纽带"在物质形态上如桥梁般地连接与缝合破碎的城市肌理，更是民族统一、重塑城市场所文化精神的象征。

国会大厦（Reichstag）的改建成为新旧融合的枢纽，老国会大厦建造于1884~1894年，由保罗·瓦洛特（Paul Wallot）设计。新行政中心的所有新建筑都众星捧月般地簇拥着经改建的国会大厦。改建后的国会大厦成为历史与现代结合的重要枢纽。对这座古典折中主义的大厦，德国人采取了保留外貌，更新内部设施的改造方针，并为此举行了两轮设计竞赛，最终英国建筑师诺曼·福斯特（Norman Foster）脱颖而出，获得了项目委托。福斯特的方案主要特点在于：符合联邦议会的形象要求，并且与现代议会的使用要求相适应；尊重国会大厦的历史，保留了老建筑的框架体系与历史面貌；最引人注目的还是它的未来能源概念，即合理利用能源，并保持与生态环境的平衡。造型独特的穹顶形状是福斯特方案的一大特色，它使人联系起保罗·瓦洛特（Paul Wallot）设计的半球形穹顶，但是这个蛋形的玻璃顶与原作有明显差异，并不是简单的模仿，建筑师更注重穹顶的新意，将与历史关联的新形式和功能植入老国会大厦的躯壳，创造出历史与现实共生的新形象。作为"共和国心脏"的象征，夜间被内部照明映亮的透明穹顶，晶莹剔透，成为新柏林的标志之一。

连接与缝合由于战争和随后的冷战造成的东西柏林割裂的历史状况，施普雷河畔的新政府区——"联邦纽带"，从地理上跨越东西柏林，与改建后重新获得新生的历史地标建筑国会大厦一起，在心理上重新构建了城市的历史中心。城市精神和民族精神在城市重要的历史空间节点得到了彰显。

三、突出和彰显——城市标志性空间节点历史感的发扬

历史形成的城市标志性空间，往往是以某一标志性历史建筑为中心

的城市广场，是人们聚会、游憩的重要场所。广场因为其中的历史性建筑而获得不同一般的历史纪念意义和文化意义。在城市发展历史进程中，或是由于人为因素使城市标志性空间中的重要建筑受到破坏，或是由于现代城市交通的发展改变了原来广场的功能，也可能是地区经济的衰退等原因造成了广场的历史特征受到损害，因此，在城市的更新改造过程中，需要运用城市设计的方法，引入现代的要素，突出和彰显场所的历史精神。

案例 4 – 10：柏林恺撒·威尔汉姆纪念教堂地区的重建——历史残缺美的强化①

恺撒·威尔汉姆纪念教堂（Kaiser Wilhelm Memoral Church）是柏林最重要的新罗马式（neo Romanesque）教堂之一，由建筑师 H. 施韦希滕（H. Schwechten）在 1891～1895 年建造。它位于原西柏林重要门户、动物园火车站附近，在历史上就是城市的地标建筑。战争中被严重毁坏，只剩下原来高约 113 米的塔楼残缺部分，剩下的教堂塔楼成为今天对战争的记忆和新建教堂美丽的背景。教堂地区的改造的目标是强调这种历史的残缺美，教堂并不是按原样重建，1957～1963 年，建筑师 E. 伊尔曼在塔楼边加建了一个 53 米高的六边形塔楼和一个八角形的小教堂。简洁纯净的体量在战争的废墟中倏然而立，与残破的老教堂形成强烈的对比，诉说着对死者的纪念和城市复兴的力量。小教堂室内用以蓝色基调为主的玻璃砖装饰，是 G. 鲁瓦尔 20 世纪五六十年代颇具感染力的优秀作品。方整的空间、深蓝色的色彩创造出严肃平和的纪念气氛，与室外城市的繁荣喧嚣相比，置身其中，让人感受到一种特有的平静。由于其独特的地理位置和可

① 资料来源：嵇玮，韩月娥，王媛媛. 老城内点状历史建筑周边空间形态的整合［A］. 中国城市规划学会. 城乡治理与规划改革——2014 中国城市规划年会论文集（06 城市设计与详细规划）［C］. 北京：中国建筑工业出版社，2014：245 – 255.

以认同的纪念理由，恺撒·威尔汉姆纪念教堂凄美而冷峻的剪影，被公认为是西柏林的标志性景观。在这里，残缺的历史建筑是纪念城市历史的重音，并且因现代的因素得到完善和加强。

案例4-11：巴黎伏尔加格勒广场改建①

现在的伏尔加格勒广场（laPlace Stalingrad）位于18世纪末政府为征收入城税所扩建的城墙遗址上；广场中所留存的勒杜（Ledoux）设计的拉维莱特（La Villette）收费站是巴黎现存唯一的当时建造的收费站。这座古典复兴式样的历史建筑，平面为正方形，四面有柱式门廊，建筑二层正中是柱廊环绕的圆亭。收费站造型庄重严谨，是广场中的标志性建筑，在当时进入首都的所有货物都要在此进行控制和收税。由于拉维莱特水道在此转折向南流入塞纳河，勒杜的收费站又被称为"拉维莱特圆亭"。

伏尔加格勒广场的改建属于巴黎市拉维莱特人工河及其两岸仓库区整治的一个部分，改建前的伏尔加格勒广场是城市的一个公交总站，其场地被许多公共汽车所占领，废气和噪声充斥其间，是一个纯粹的交通性的广场。建筑师伯纳德·虞艾（Bernad Huet）承担了广场的设计任务，他试图通过创造一个纪念性的步行场所，恢复广场在城市中的意向特征。他的设计是在拉维莱特水道分岔的两个斜边设置斜坡，形成以拉维莱特圆亭为中心的内向收敛的空间形态，增强了广场的围合感，从而创造出伏尔加格勒广场的纪念性，突出了历史建筑在广场中的统领地位。

改建后的伏尔加格勒广场具有独特的个性，它不同于巴黎其他众多广场，其纯化的功能使这种富含纪念性的特征更加明显，广场中没有商店酒吧，连原先的一些树木也被斜坡上的草坪所取代，广场中轴对称、结构清晰，具有良好的历史感和可识别性。

---

① 资料来源：作者根据相关资料整理。

案例 4 – 12：马德里托来多港地区改建①

马德里托来多港（Puertade Toledo）地区改建是开始于1986年的鱼市场的改建工程，建筑师多明戈（Dominguez）和佩尼亚尔瓦（Penalba）赢得了这个将鲜鱼市场转变为东方手工艺制品市场的设计竞赛。市场的改建只在托来多港门旁增加了一个新的家具商店，弧形的一边面向街心广场，并且用两层高的、连续的、有节奏感的柱廊形成了街心，广场的东、南两个界面，角部朝向喧闹的托莱多环城街。原有建筑的一座风格古朴的钟楼，从水平向延展的飘板和柱廊中挺拔而出，成为广场定位的标志之一。手工艺品市场的改建工程，作为一种积极的触媒，在随后的十年中产生了一系列的良性反应，在托来多港街心广场北面先后建造了两组文化建筑，建筑师是胡安·纳瓦罗·包德维戈（Juan Navarro Baldweg），西班牙最著名的建筑师之一。首先完成的是托来多街西侧的一组文化建筑——一个社区服务中心、一个文化中心和一个幼儿园。1994年，托来多街东侧的图书馆完成，完善了与邻近圣弗朗西斯科教堂（Basilica di San Francesco）的关系。作为胡安·纳瓦罗·包德维戈获奖规划方案的一部分，沿圣弗朗西斯科教堂的新住宅委托给了另外一批马德里的建筑师设计。

位于托来多街的两边的图书馆和文化中心，采用同样制作工艺和色彩的花岗岩基座，为街心广场提供了新的焦点。它们相互配合采用巴洛克的手法，灰色花岗岩墙面向外扩张，弧线形踏步逐渐变窄以强调透视感，限定出一个象征性的门洞，提供了一个通往旧城区的入口。它们和建于19世纪的托来多港门形成历史发展的对话，使得历史的轴线得到强化。随着商业、文化及服务设施的完善，诸如圣弗朗西斯科豪宅这样高品质的住宅建筑也相继锚固在通往马德里旧城的入口处。托来多港地区改建以历史建

① 资料来源：作者根据相关资料整理。

筑再利用为催化剂，在加入文化服务功能保持街区活力的同时，又使得城市的历史文脉得到继承和发扬，也促进了地区地产事业的兴盛，可谓经济效益、社会效益、环境效益的共同受益。

四、隐喻和象征——城市历史记忆的延续

在城市广场空间的创造过程中，运用全新的设计理念，形成和城市历史相关联的空间场所，使人们对城市的历史记忆和地方感得到加强，是保护和发扬城市特色的另一种城市设计的方法。例如 West8 事务所富有幽默感的城市广场设计——荷兰鹿特丹斯库伯格（Schouwburgplein）广场改建（1992～1995 年）。

斯库伯格广场位于鹿特丹市中心，紧邻中央火车站，是城市重要的商业文化中心。20 世纪 60 年代建造的地下停车库和 20 世纪 80 年代在广场周围建造的现代主义的商业和办公建筑使得广场十分的平淡，广场南北两端文化建筑的建造也没能使这种情况有所好转。开始于 20 世纪 90 年代初的广场改建工程由荷兰著名的城市设计和景观建筑事务所 West8 承担。West8 是一个注重当代大众文化和城市景观创造相结合的事务所，他们设计的斯库伯格广场是一个充满隐喻、象征并且鼓励市民积极参与和体验的场所，它呼唤历史精神的回归，唤起人们对于海港城市的记忆，使原来平庸的、功能单一的广场成为城市大众生活积聚的、含义丰富的场所。

West8 的设计努力使广场所创造的个性符合鹿特丹这座港口城市的特色。斯库伯格广场是城市文化生活的舞台，广场的地面被抬高了 35 厘米，使其从四周围的道路中分离出来。广场的平面设计是基于鼓励不同事件的发生和象征意义，由多种不同的材料拼贴而成。广场西侧是深色的环氧树脂地坪，象征大海和港口，由科恩－凡韦尔森建筑事务所（Koen van Velsen）设计的综合影视中心（1994～1995 年）像一艘靠港的大船。影视中心有 7 个大小不等的放映厅，共有 2700 座，其错落有致的连接形态在外观上形成了如同游船的造型，外立面采用外挂式的半透明的聚碳酸酯瓦楞板，白

天在阳光的照耀下建筑显得清新淡雅,夜晚的灯火更使其晶莹剔透。

广场的中部是浅色的橡胶地面,中央是一个穿孔钢板平台,是人们活动的主要场所,是街头歌手和集会者的理想表演场地,横穿鹿特丹城市的河流和港口的地图,也被嵌入广场的南边,河流的地图从环氧树脂所象征的海洋"流"过驳岸指向广场最东部木质的 70 米长的休息区。"在广场东部的边界上有一组 3 个 15 米高的由钢板网包裹的地下车库通风塔,上面的发光二极管(LED)显示器组成了一个电子钟。斯库伯格广场中另一个独具特色的场景是由一组 4 个如同港口起重机式的 35 米高的液压传动的红色灯杆所构成,它们每个钟头都要变换位置,人们也可以通过一个投币控制台调整它们的高低位置以形成一组运动的机械芭蕾。"① West8 在广场的环境设计中,对大海、河流、游船、驳岸、塔吊、烟囱的象征,赋予了斯库伯格广场以鹿特丹特有的海港城市广场的独特魅力,人们在此娱乐休闲的同时,也会受到这种城市历史精神的感染,从而产生依恋感和归属感,对城市历史的某种集体的记忆在这里得到延续和发扬。

城市重要空间节点历史感的保护和场所文化精神的发扬,是城市设计的重要课题。对于城市历史文化保护而言,所要凸显的特色就是场所的历史感和这种历史感所代表的城市精神。城市设计强调的是,在历史的空间中加入现代的因素,通过历史和现代的对比或协调,达到发扬城市文化特色的目的,而不仅仅是历史环境的修复和整治。例如,对于历史形成的经典城市广场,如威尼斯的圣马可广场、锡耶纳的坎波广场等,其完美的空间形态和丰富的场所内涵已为世人所公认,保护其历史真实信息、适当修复使它们能历久常新是主要的工作。而那些在历史上具有重要意义、由于种种原因其历史环境遭到破坏、场所的历史精神在城市发展中逐渐黯然失色的城市重要空间节点,则需要运用城市设计手段,恢复其原有的历史地位并且使场所的这种历史意义在新的城市环境中得到发扬光大。

①　Weilacher U. Between Landscape Architecture and Land Art [M]. Basel:Birkhauser – Publishers for Architecture,1999:120 – 135.

第五章

多模式的历史建筑及环境的
保护、利用和更新方法

第一节　多模式的历史建筑及环境的保护方法

城市历史建筑及环境因其是不同历史时期留存的产物，而呈现历史文化的多样性，并且，由于历史建筑及环境所在城市空间中的分布的差异，而产生社会生活和环境特征的丰富多样、城市历史文化的异质性。这就要求城市设计研究出多模式的保护方法。本书通过对欧美众多历史建筑及环境保护实例的综合分析，初步将保护的方法分为隐喻法、立面嫁接法、埋地法、协调法、映射与衬托五种方法加以分析研究。当然，这并不能完全包含所有的保护方法，例如，新旧建筑之间在空间上的包含与覆盖、历史建筑的整体迁移重建等。城市设计的多模式的保护方法更多注重城市开发建设和与之相对应的保护方法的研究。

一、隐喻法

隐喻法并不试图用建筑实体恢复被毁的历史建筑，而是在新的建筑设计中，通过运用象征手段达到保留对历史建筑环境的记忆的目的。由于这种方法通常采用在地面上运用铺地的变换来展示历史建筑的平面，需要借助想象来实现对历史建筑实体的怀念，所以称之为隐喻法。这种特殊的保护方法的实例有：法国马塞市某集合住宅设计，它将基地内中世纪的贵族府邸遗址平面组织进住宅的院落中；美国富兰克林纪念馆设计；澳大利亚悉尼在第一座总督府遗址上建造的博物馆；等等。

（一）法国马塞市某集合住宅

在马塞市某集合住宅设计中，沿柯布西埃大道呈"工"字型布置的两排住宅，通过中间的交通廊道相联系，并且划分出东西两个院落。在西侧的小院中，原始的地貌被完好地保存着，建筑轻巧地架设在两排纤细的钢立柱上，廊柱被油漆成不同的颜色。沿柯布西埃大道的四层高的住宅在架空的廊道下，还设计了一条步行道作为住宅单元的出入口。这里是观赏小院中原中世纪贵族府邸平面图形的良好场所，在略显凹陷的原始地坪上，历史建筑的平面被用石块清晰地表现出来，并且这个院落的地平面穿插在柱廊之下，给人对历史空间的充分想象。而在东侧的院落中，建筑是落地设计的，其平整的地面下是停车库。东西两侧院落设计差异的对比更让人体会出，建筑师对历史建筑环境的尊重、历史要素和现代建筑设计结合的精巧构思。

（二）美国富兰克林纪念馆

为迎接美国独立 200 周年而建造的富兰克林纪念馆，位于费城（Philadelphia）的艾尔弗兰斯小巷（Elfreth's Alley）附近。这是美国最古老的一条街道，有 18 世纪美国城市的特点。富兰克林纪念馆建筑在富兰克林故居的遗址上，纪念馆的主入口沿着城市老街，通过门洞才能进入纪念馆的内院。主体建筑在地下通过一条缓缓的无障碍坡道可进入地下展馆。展馆以各种形式展示了富兰克林一生的丰功伟绩，并且免费对外开放。富兰克林纪念馆的设计具有以下特点：

它没有采用人们惯用的恢复名人故居原貌的做法，而是将纪念馆建在地下，地面上为附近居民开拓了一片绿地，以改善小区环境。为了保留人们对故居的记忆，纪念馆建筑设计师文丘里（Venturi）采取了两项措施：其一是以一个不锈钢的架子勾勒出简化的故居轮廓，文丘里戏称之为"幽灵构架"（ghost structure），这是高度抽象的隐喻做法；其二是用铺地显示故居建筑平面布局，并将故居部分基础显露，显露的办法是运用展窗直接展现给观众，并配合平面布置图及文字说明，介绍基础在故居中的位置及功能，这种方式同样可以使观众对故居的原貌有个比较全面的了解。更精彩的则是展窗在展示基础的同时也成为绿地中不可缺少的现代雕塑，它的大小、方向与"幽灵构架"共同组成一幅完美的构图。这个设计极具创造性。展示的基础是真古董，颇有些考古发现的味道，更加引人入胜。"幽灵构架"是符号式的隐喻，甚至有些明喻。而纪念馆埋入地下，地上用于绿化的做法则是兼顾历史与环境的绝妙构思。

（三）澳大利亚悉尼在第一座总督府遗址上建造的博物馆

1788 年，亚瑟·菲利普（Arthur Phillip）总督建造了第一座总督府。在 1845 年被破坏以前，它一直是新南威尔士前 9 任总督的住宅、办公室及大英帝国殖民地权力的象征。20 世纪 80 年代，考古学家发现了包括基础、排水系统和大量工艺品在内的建筑物的结构遗迹。对于今天的澳大利亚人来说，它有着重要的历史意义。1982 年，依照悉尼商业发展计划，要在这里盖办公楼。由于遗址重大的历史价值，澳大利亚遗产委员会、社会各界纷纷呼吁对其加以保护。1988 年，新南威尔士州历史建筑基金会受命在这里建造博物馆。博物馆是一座三层高的现代建筑，背后紧贴写字楼，前方是一个用深色岩石铺盖的广场，广场内用白色岩石镶嵌，标志出遗址的平面图。一小部分遗址延伸到大街上，另一部分通过展厅的玻璃延展进入门厅。门厅的一面墙上，仿照原样建造了总督府的一部分立面，地面上开了一列视窗，人们可以直观地俯视真实的遗址。博物馆三层的一角，悬挑着一个玻璃小阁，从这里可以鸟瞰整个广场。新南威尔士州历史建筑基金会的副主席海伦·坦普尔（Helen Temple）对该遗址的保护方式给予了很高的评价，并且认为："依据一种超乎常规的诠释方法，这些考古遗迹及其对于不同社会群体所反映出来的不同意义，为修建一个非常现代化的博物馆提供了理论依据。"① 新建的博物馆建筑结合城市道路和广场，充分地展示出历史建筑的平面，营造出城市公共活动和历史文化保护融合的广场空间，成为市民怀念历史，展望未来的场所。

二、立面嫁接法

立面嫁接法，指的是历史建筑的立面被加固，部分保留，在其内部建造新的建筑物，新建筑的造型仿佛是从被保留的历史建筑的立面嫁接出来的方法。"嫁接"在植物学中的概念之一，是利用某种植物的枝或芽来繁殖一些适应性较差的植物。嫁接能保持原有植物的某些特性，是常用的改良品种的方法。在建筑设计中的形式嫁接也运用了相同的原理：在此，历史建筑的立面或者是立面的片断，被作为新建筑造型的营养丰富的"枝"，它能很好地和周围的历史环境相融合，新的造型有了这样的根基，成为某种改良的品种而更具历史意义。

（一）法国南特医学院贝尔利埃梯形教室改建

南特医学院贝尔利埃梯形教室（Amphitheatre Berlieta Nantes）改建项目包含一个 1000 座的梯形教室、60 个车位的地下车库及一些办公和管理用房，是由建筑师让·弗朗索瓦·萨尔蒙（Jean Francois Salmon）于 1998 年完成的。建筑的场地原先是一个老的车库，新建筑只保留了原建筑沿街立面的片断，作为与其相邻建筑的联系和过渡，从而保持了街道立面的延续性。历史建筑的元素以布景的方式被组织到城市建筑群中，并且在现代的、虚透的玻璃墙面的衬托下向城市的历史中心延续。

---

① 海伦·坦普尔. 改造为博物馆的历史建筑——来自新南威尔士州历史建筑基金会的实例［J］. 世界建筑，1999（5）.

（二）英国伦敦某商业中心

在伦敦维多利亚火车站附近的某商业中心，历史建筑沿街一层高的柱廊被保留下来，作为商业中心入口的一部分，现代钢和玻璃结构的主体建筑则略作后退，外露的垂直玻璃分割构架与历史建筑柱廊的节奏相呼应，形成了一种统一感，内部则通过轻巧的钢架为保留的历史建筑提供结构支撑，并且形成街道与商场过渡的停留休闲的空间。

（三）法国里尔菲利普·勒庞公寓改建

位于里尔市的菲利普·勒庞（Philippe Le Bon）广场东侧的菲利普·勒蓬公寓，其前身是一所医学院。建筑建造于 1886 年，呈合院布置，立面由石材和红砖两种材料构成，建筑细部丰富，中心对称，造型庄重典雅，是广场中艺术价值最高的建筑之一。20 世纪 90 年代，改建成公寓时，建筑师拆除了原来历史建筑破败较为严重的南北两翼，代之以两栋全新的住宅建筑，而对面临广场的建筑主要立面，建筑师采用拆除原历史建筑的屋顶而保留外侧的建筑立面的方法，让新建筑从保留历史建筑的立面中生长出来，建成后的建筑比原来高出一层，总高度与周围 4 层高的住宅相协调。新建的部分开窗的面积较大，采用了大面积的浅色铝板饰面，屋顶出挑，其轻盈的现代造型与保留历史建筑较为厚实的立面形成对比。

建筑内部改造成为高级公寓，并且增加了电梯、地下车库等必要的设施。新建筑尺度和谐，在保持广场整体的尺度感和历史感的同时，也让人感受到广场中新时代的气息。

（四）日本火灾海上保险公司横滨大厦改建

日本火灾海上保险公司横滨大厦原有建筑建于 1922 年，位于主要干道上，是这个港口城市历史景观的一个组成部分。20 世纪 80 年代，作为业主的日本火灾海上保险公司决定拆旧建新，而当地居民则强烈要求保留。经过建筑学会的多方交涉，公司终于同意把原来建筑的立面保存下来。新楼的设计由"日建设计"承担，运用计算机做了许多的比较方案，最后确定了正立面三层全部保留，侧立面保留一层的方案。具体做法是，把表面所贴的石材一块块地拆下后，拆除原有的砖墙而代之以新的混凝土墙，再把贴石重新固定在新墙面上，正面入口内设计一个三层高的纪念大厅。值得注意的是与新建多层建筑的立面嫁接法不同，在新建高层建筑中的立面嫁接法，还有一种用保留的历史建筑低矮的立面作为标志性的入口嵌入大体量的建筑之中的方法。

历史街区的建筑设计中采用立面嫁接法，是试图产生根植于历史环境的创新设计，因此嫁接强调的是新与旧的对比，并且主要体现在建筑材料的质感和色彩的对比，使人能够清楚地分辨出新与旧。另外，因为新建筑拥有历史建筑的部分立面，所以更容易取得和原来历史环境的调和。

三、埋地法

在城市历史核心区，出于历史文化保护的原因，新建建筑向地下发展的情况在欧洲非常普遍，有时为了满足建筑高度限制的要求业主只有将大部分的建筑体量埋入地下，使得地面上所露出的建筑体量与周围的历史环境相协调。埋地法是新建的建筑向地下发展的一个极端，它是把几乎所有建筑功能以及市政的开发都埋在地下，地面上只留下必要的出入口，这些小体量的构筑物或建筑物为了能引起人们的关注，往往采用和周围历史建筑环境对比的形式。

埋地法能够使得地面的历史建筑基本保持原样，又能够适当地引入现代的要素和精心的环境设计体现时代精神，不失为历史建筑环境保护的一个良策，但是其投资大、施工难度高、见效慢（在某种程度上只是保护了城市的历史文化，没有可以标榜的市政功绩）的缺点也是显而易见的，因此，虽然这种方法在构思上不难发现，在国内的应用却是不多见的。

（一）西班牙阿尔克伊市公共大厅

阿尔克伊市中心广场位于城市历史中心，广场周围是城市富有纪念意义的众多历史性建筑，此处一直是庆典及其他公共活动集中的地方，但是位于广场一端的市政厅内却没有适合于大型室内活动的空间。广场的改建工程，既要满足新的城市功能需要，又不能破坏城市历史环境。于是埋地法成为可行的方法：所有新建工程均在地面以下，地面则主要是铺地等环境设施。

在广场的下面建造一个可容纳 600 人的多功能大厅，可用于各种公共活动，与市政厅有直接的联系。地面上大厅的入口，被当作城市小品精心设计，其西入口可从广场上直接进入。它位于广场地坪之下，由一个不锈钢制的五边形格网覆盖。格网在闭合时与广场的地面等高，开启时则形成一个矩形的雕塑样的入口标志，并使楼梯暴露出来。广场地面的铺装采用石板和玻璃板做了全新的表面处理，此外灯具及其他城市家具的设计，在历史环境中也增加了新的元素，和周围的历史建筑一起形成了一个新旧结合的场景。

（二）法国斯特拉斯堡有轨电车火车站广场站点改建

20 世纪 90 年代开始，法国的许多城市纷纷开始重新建造有轨电车，现代的有轨电车早已不是一个世纪以前性能低下、噪声污染严重的老式电车。新一代有轨电车运用了大量先进的现代技术，设计成为高效快捷、稳定、安全、舒适并且环保的交通工具，在法国许多城市被普遍采用，以取代传统汽车公共交通的单一模式。

斯特拉斯堡有轨电车及火车站广场站是城市轨道交通的一个重要节点，深入地下达 17 米，建筑师加斯顿·瓦伦特（Gaston Valente）将有轨电车站、停车库及商业服务设施全部设置于火车站的广场的地下，地面只留出供旅客使用的自动扶梯、玻璃电梯和三个巨大的采光天窗。设计华美的历史建筑——老火车站屋成为广场中唯一的主角。广场地下分四层布置，自动扶梯和电梯构成了便捷的垂直交通。靠近地面的两层是为大量客流服务的围绕着一个中庭设置的商店、餐厅和信息中心。中庭顶部有充足的直接自然采光，呈现出一派生机盎然的景象。整个工程于1994 年完工。

（三）美国康奈尔大学 URIS 学生图书馆增建

康奈尔大学（Cornell University，New York，USA）尤里斯（URIS）学生图书馆是一座优秀的历史建筑，有着高耸的钟塔，坐落在校园中心的一座小山顶上，是大学公认的标志性建筑。学校的发展需要扩大图书馆的阅览面积，以为更多的学生提供阅览座位。如何对其扩建而又不破坏原来的地形特征以及历史建筑的标志性？冈纳·伯克兹事务所（Gunnar Birkerts and Associate）的设计方案是将新建阅览室顺着原来的地形埋入地下。新建的阅览室的平面呈自然的窄长曲线形，沿原有建筑周边布置，顺应地形等高线用侧向采光和顶部采光相结合的方法，使得阅览室获得充足的照明，地下阅览室通过北部设置的玻璃楼梯间内的螺旋楼梯与现有图书馆的阅览室和书库连通，其南部的入口运用巴洛克式的曲线挡土墙限定，并且和校园内的步行交通系统联系起来。起伏地形的场地特征和历史场所文化精神得到了保护。

（四）巴黎卢浮宫改建

巴黎的卢浮宫改建是庆祝法国大革命胜利 200 周年的重点工程，法国总统密特朗（Mitterrand）亲自过问，并且亲自指定贝聿铭为这项设计的总建筑师，这种长官意志的做法在法国也是十分少见的。卢浮宫改建之所以引人注目，是因为卢浮宫不仅是法国最著名的博物馆，而且在世界上也拥有很高的知名度；不仅因为它展品丰富，也因为卢浮宫建筑本身的历史意义和文化意义，卢浮宫是巴黎的象征，也是法国的象征。

卢浮宫改建的难度，除了满足博物馆本身和城市发展的功能要求外，最重要的是采用怎样的方法才能使得新的建筑在保持场所历史精神的前提下能与历史环境充分协调。正如 1984 年 4 月 27 日的英国《卫报》的提问："卢浮宫不是一座普通的博物馆。它是一座宫殿。改建工程如何做到不触动不损害它，既充满生气，有吸引力，又尊重历史?"这确实是一个巨大的挑战。

今天，纷繁复杂的工程建设早已结束，在卢浮宫南北两翼宽达百米的拿破仑广场上唯一的新建筑是如钻石般嵌入其中的玻璃金字塔（广场上另有 3 个较小的玻璃金字塔，因处于从属地位，一般难以注意到），玻璃金字塔高 20 米，是广场的视觉交点和博物馆的总入口，它的下面是中心大厅。由于金字塔外覆盖的是精心加工的无色玻璃，所以不管从内部还是外部都能很好地展现卢浮宫典雅的立面。但是这个金字塔的形式在设计阶段就引起了许多的争议，以至于不得不在现场搭起足尺的模型来检验效果，以平争议。

其实贝聿铭方案成功的关键是新创造的空间完全建于地下，即采用了埋地法。金字塔只是新旧空间结合的象征节点。我们关注卢浮宫的改建，同时更应当注意其在城市设计方面的设计理念：增建一个面积约为 4.5 万平方米的地下综合体，有商业、餐厅、快餐、影剧院、图书馆以及储藏室和车库等，是展览和休闲区面积的两倍；改善步行网络和车行系统，把卢浮宫变成了一个巨大的立体交叉的节点，通过地面、地下和城市连成一体，而以前它简直就是一个 800 米长的城市交通障碍物。

目前，地铁 1 号线和 7 号线在"老皇宫/卢浮宫博物馆"站交汇，从这一站的地下可以直接进入卢浮宫，地面上也有 4 条公共汽车线路经过拿破仑广场，主要服务于塞纳河南部的蒙巴赫纳斯火车站（Gare Montparnasse）和塞纳河北部的圣拉塞尔火车站（Gare StLazare）的联系。改建后的卢浮宫不仅其历史精神得到延续和发展而且还成为城市重要的商业、文化、娱乐和交通的核心。从中我们可以看出埋地法在城市历史文化保护和改造中的作用。

（五）巴黎市场地区景观设计

巴黎市场（Les Halles）地区改建工程是 20 世纪 70 ~ 80 年代巴黎市

最重要的城市改建工程之一，市场地区位于城市中心，与卢浮宫、老皇宫等著名建筑同属于第 1 区（巴黎市共有 20 个区）。该区拥有建于 16 世纪的圣厄斯达教堂（L'église Saint–Eustache）和建于 19 世纪的交易所等优秀历史建筑。市场地区在历史上一直是巴黎市最大的食品零售和批发中心，人流、物流集中，交通拥挤。20 世纪 70 年代初，为了适应城市发展的需要，解决该地区日益恶化的交通状况，提高城市环境质量，巴黎市政府在此地建立了区间高速地铁和普通地铁的地下大枢纽站，并拆除了 12 座由钢架和玻璃建成的中央商场，开始着手进行市场地区的改建工程。

在当时的巴黎市长希拉克（Chirac）的直接干预下，巴黎市政府制定了减少规划用地范围、压缩建造面积的发展政策，提出保持巴黎市中心的建筑文化环境，保留交易所和圣厄斯达教堂，并且同时保护周围有特点的住宅街坊，将大型商业综合体建筑向地下发展，地面留出更多的公共绿地等具体设想，这在当时是十分难能可贵的。1979 年具体的规划方案得到完善，虽然这一方案在当时引起很大争议，之后又为此举行了大规模的国际竞赛，然而最终的实施结果依然保持了原设计方案的精华，这也是巴黎政府和市民共同选择的结果。

该设计将弗休姆商业综合体（Forumdes Halles）结合大型地铁转乘站深埋地下，以减少地面建筑面积，扩大向市民开放的绿化广场。严格控制弗休姆商场地上建筑高度和体量，使其在尺度上和周围街坊建筑相协调，并且向西开敞，以取得和交易所建筑在视觉景观上的轴线联系。市场地区的景观设计以突出展现历史人文景观为主旋律，展开一组组和谐的乐章。沿布尔日街种植大量树木，其中穿插风格古朴的休息凉亭，作为广场南侧的边界以减少汽车的噪声和污染。在圣厄斯达教堂前设计了一个富有浪漫色彩的休闲广场，运用多种空间限定的手法创造出一系列适合人们停留休息及儿童游戏的场所，分布在广场四周的地铁出入口都结合绿化小品精心设计，力求既方便出入又较为隐蔽，融合于广场大的景观环境之中，使广场主体景观更加突出。宏伟的哥特式教堂在绿化水景、建筑小品的衬托下更显雄姿，重新恢复其作为地区标志性建筑的地位。

在城市历史核心区，采用埋地法使新建的建筑向地下发展，可以保护地面历史环境最大限度地避免大体量现代建筑的冲击，保持原有文化特色，并且在历史环境中，地面新建城市小品等现代的景观设计，不仅给城市创造出休闲的活动空间，也可以使人们在历史氛围中感受到时代的气息。

四、协调法

任何一种建筑形式的表现，都跟环境有关，且必须同这些环境妥善地取得协调，否则形式的表现不仅将丧失其优点，还会产生破坏环境的效果。"相互协调"是建筑形式创作的基本原则，在历史街区中，新建筑的植入也必须尊重相互协调的原则，使其与历史环境取得某种协调。一般在历史街区中的新建筑要从形式、体量、材料、色彩等方面取得与历史建筑环境的协调而获得统一感。由于建筑设计本身必然地存在着多样性和复杂性，建筑物的形式和空间必须要考虑功能、建筑类型、要表达的目的和意义，并且要考虑和周围环境的关系，因此，形式的协调或者说在历史街区中形式的秩序原理，可分为风格的统一和逻辑蕴含的统一两种。

（一）风格的统一

运用历史主义的手法，使新建筑与历史环境相协调。希契科克（R. H. Hitchcock）认为历史主义是一种建筑的表现形式、一种建筑风格，提出"历史主义"比"传统主义""复古主义""折中主义"在表达五百年来建筑的某些共同形态上显得更为正确些。它的意思是借用过去的建筑风格和形式，又往往是新的组合。文丘里（Venturi）1982 年在哈佛大学所作的题为"历史主义的多样性、关联性和具象性"的报告中认为，历史主义是新象征主义的主要表现形式，是"后现代主义"运动的主要特征。并且提倡一种以装饰传达明确的符号和象征的历史主义，即所谓历史现代装饰。在实践中采用历史主义手法进行创作的建筑师有文丘里、詹姆士·斯特林（James Stirling）、哈特曼和考克斯（Cox）等人。

1. 文丘里及其伦敦国家美术馆新馆设计

英国国家美术馆位于伦敦中心区著名的具有文化价值的特拉法加（Trafalgar）广场上，该广场是为纪念1805年粉碎拿破仑侵略英国的特拉法加角海战而建的，广场中央矗立着为国捐躯的独臂海军统帅纳尔逊（Nelson）将军的纪念柱。周围环绕着圣马丁教堂和海军部拱门等著名的古建筑。新馆位于英国国家美术馆西侧，将展出欧洲文艺复兴早期的绘画珍品，新馆基地的东侧相隔一条小街——朱必莉（Jubilee）步行道与国家美术馆威尔金斯馆相望，此馆因纪念国家美术馆的设计人威廉·威尔金斯（William Wilkins）而得名。1987年文丘里赢得了美术馆新馆的设计竞赛。文丘里把新馆的设计要求扼要地归纳为如下四点：

（1）功能方面：新馆必须具备当代最新的博物馆中所具有的一切特点，如采用顶光，有宽敞的交通面积，有为群众休息、交往与为艺术研究用的公共设施，如餐馆、商店、报告厅和信息中心等。

（2）形式方面：要求新馆在建筑艺术上能反映出某种创作上的新进展，即最近若干年来，国际建筑界对建筑风格、形式的重视以及对环境文脉的敏感。

（3）要求两个结合：即建筑构图与功能的结合；建筑形式与紧邻的威尔金斯馆及整个特拉法加广场的结合。

（4）两点启示：第一点，古典主义仍是解决问题的一把钥匙；第二点，与巴黎、罗马、柏林相比，庄重与和谐是伦敦特有之品格，这是方案构思之基础。

文丘里认为，在如此重要的城市历史中心区国家美术馆的扩建设计应该强调对广场原有气氛的烘托，使新建筑融入特拉法加广场有统一感的新古典主义建筑群的环境特色中。文丘里运用历史主义的复杂的和矛盾的手法（相对于"国际式建筑"的设计原则），体现其"古中求新"的思想。在新馆面临特拉法加广场一侧即新馆的正面入口处，建筑师采用老馆古典主义的设计方法，重复一定的古典壁柱与柱式，形成韵律，以保持与老馆在造型上的连续性。在这里新馆设计采用了与老馆相同的许多重要的建筑部件，新馆被当成老馆的一个片断，在形状、比例、韵律等方面均体现出某种从属关系，一旦老馆不存在，新馆就会显得不完整。新馆力求当好老馆的配角。然而，文丘里对历史建筑的模仿是如此的成功，新馆的柱式、壁柱与檐部的做法，包括柱头、柱身的比例全然因袭老馆。各部分的标高一致，因此各层线角均能交圈，是地道的模仿做法。其唯一的新意在于改变了柱与柱之间的等距的节拍，采用略带有随机性的节拍，形成一些变化，以至于令人难以察觉新馆和老馆的区别，这种保守求稳的设计方法，在当代的改建设计中已不多见。

虽然，新馆的主立面部分的设计过于沉闷，缺乏创意，但是，其他各个立面的处理方法及室内空间的创造，显示出建筑师处理历史与现代关系娴熟的能力和创造性。其注重城市历史文化的保护、把自身恰当地结合在历史文脉中的精神，具有时代的先进性。

2. 詹姆士·斯特林及伦敦泰特美术馆克洛新馆设计

尊重历史、尊重环境是 20 世纪 70 年代以后斯特林设计作品的共同主题。面对高技术、新材料和各种新观念的冲击，斯特林仍然坚持运用历史主义的方法处理建筑与历史环境的关系，"斯特林在这一时期的作品里，基本是以其所在的环境为依据，以其地其时的历史文化为源流，自然而又冷静地从事自己的工作。"[①]

1987 年位于伦敦米尔班克（Millbank）的泰特美术馆克洛新馆的开放，吸引了泰特美术馆有史以来最多的观众，一方面因为其展品的丰富，另一方面更主要的是被斯特林所创造的复杂的、多层次的、新旧交融的建筑环境所吸引。建于 1897 年的老馆，是由 S. 史密斯（S. Smith）设计的新古典建筑，中轴对称，庄严气派。巧妙地处理新馆和老馆的关系，表现文化的延续性和创造性是克洛新馆设计的要务。斯特林从总体布局到建筑

---

① 豆丁网．解读詹姆士·斯特林的建筑思想［EB/OL］．https：//www.docin.com/p - 662794330.html.

细部的精心推敲，使克洛新馆成为表现协调性、创造性维护历史环境的优秀范例。

首先，对历史环境的尊重。斯特林将新建筑定位为老建筑的陪衬，新建筑的入口并未设在朝向河的一面，而是正对着老馆门廊侧面，新馆入口前设有下沉式的庭院广场，入口比老馆低，表现出对历史的尊重；新馆 L 形的体量，和其东边保留的皇家军事医学院的"红砖房"一起，围合成一个内敛式的庭院，保护了老馆的主轴线。

其次，与历史环境精确的对话。新馆在与老馆交接处的体量与老馆侧翼的高度相当，老建筑立面的线脚延伸到新建筑之中。建筑师以其娴熟的折中主义手法，表达新建筑和历史的对话，新馆立面的形式和材料设计的灵感来自与其相邻的历史建筑（西南的老馆是波特兰石头砌筑而成；东侧是颇具地方特色的"红砖房"）。就如斯特林自己所言："我的目的是想使主立面成为两侧建筑的中和，面对两侧不同材料的建筑，如果我仅用石材或红砖，都不能精确地表现出两者间的过渡。"①　于是，我们看到了新馆立面石材与红砖大胆的交错使用，配合诸如半月形窗、给人以希腊神庙联想的人字形入口等历史符号的运用，表现了文脉的延续与环境的整合。

3. 哈特曼－考克斯事务所的实践——桑纳学校综合体改建

哈特曼－考克斯（Hartman－Cox）建筑事务所，曾荣获美国 16 项历史保护奖，其原因之一是该事务所擅长运用历史主义的手法处理新老建筑环境协调的问题。以位于华盛顿市 M 街和十七街交界处桑纳学校综合体（Sumner School Complex）的改建为例，这是一个城市片断的改建工程，基地内有两幢 19 世纪晚期的红砖建筑需要保护。

首先，建筑师对处于街道转角由阿道夫·克鲁斯（Adolph Cluss）1872 年设计的查里斯·桑纳学校（Charles Sumner School）做了保护性改造。值得注意的是，即使是外立面的修复也并不是完全按照西方的"真

①　［英］詹姆士·斯特林. 国外建筑丛书［M］. 窦以德，译. 北京：中国建筑工业出版社，1993.

实"性保护原则进行的改造，而是根据风格统一的原则，创造性地改建了查里斯·桑纳学校的屋顶，尖尖的塔楼、彩色瓦片拼图的屋顶加上富有韵律的老虎窗，增加了历史建筑的神韵和地标建筑的可印象性。我们可以从对比历史照片和现状感受到这一点。凭借对历史建筑风格的深刻理解，建筑师使这种改变让人产生一种错觉：历史建筑的造型原来就是如此。这种在 19 世纪就被强烈批判的做法，在 20 世纪末的美国重新出现，并取得成功。说明美国人对待历史性建筑保护灵活的态度，也说明从有利于城市的角度出发改建历史性建筑的灵活性。

其次，紧邻查里斯·桑纳学校东侧的马格德学校（Magruder School），其风格与查里斯·桑纳学校有着很大的关联但又有自己的特点。建筑师为满足地下车库的柱网的设计要求，将建筑整体移动了 1.2 米，方法是将建筑拆卸后又重新按原样拼装。新建筑以 L 形的体量切入基地，将两座历史性建筑联系起来，马格德学校成为街区的中心建筑，而整个新综合体的入口，被设计在马格德学校后部的东西侧翼，用仿造马格德学校风格的山墙将入口强调出来。在历史建筑的背后，新建筑采用轻盈深色调的玻璃幕墙来衬托老建筑，而沿 M 大街，建筑师则采用石材作为墙体材料，产生有古典建筑韵味的立面，以和作为街区地标的另一座建于 1923 年的杰弗逊旅馆（Jefferson Hotel）相协调。

（二）逻辑蕴含的统一

建筑师运用历史主义的手法，从历史建筑环境中直接截取建筑形式或是符号，经过重新组合以达到新建筑在风格上与历史环境的统一，这是新旧协调中风格统一的常用方法。而逻辑蕴含的统一则更注重从以下两个方面寻求新建筑和历史环境的协调统一：一是从历史建筑的构成分析方法试图用新的材料、新的语汇转译这种构成的逻辑，在创造新的形式的同时，取得与历史建筑环境的统一；二是寻找过渡体，有意识地建立新旧结合的桥梁，在新与旧之间增加中介的空间，改建后的建筑呈现某种逻辑发展过程，从而取得协调和统一。

1. 建筑构成术与新旧协调

台湾成功大学建筑系教授傅朝卿认为，建筑的构成术（Architectonics）决定了建筑的主要特征，"建筑构成术因而可以被视为是一种法则，藉之可以辨识的形式语汇组成一个既有意义、又比例优美的整体。简单地说，所谓建筑的构成术，乃是建筑物各个元素与构件在美学上、材料上及构造上之整体组构原则。建筑构成术可以让一栋建筑更加清晰地表现自己，也更能使人们经由经验而认知该建筑"①。他甚至认为：世界上的建筑基本上有分节式（Arculated）及雕塑式（Sculptural）两大类，传统建筑及历史性建筑属于前者，现代主义建筑属于后者。因此，用这种观点研究新旧建筑协调的问题，必然要从分析历史建筑特殊的构成术入手，让这种构成逻辑和新材料、新技术、新的审美观念相结合。

（1）连续历史界面中新旧并置的建筑。

在欧洲的历史街区中，我们可以经常看见城市连续历史界面中新旧并置的建筑，新的建筑通常都表现出对历史环境的尊重，但又不简单模仿其左邻右舍历史建筑的风格。建筑构成术的运用，往往使得新与旧的结合充满了创造性。例如，巴黎交易所附近的一座嵌入历史街区的办公楼，采用外挂钢管结构所构成的网格的表层与内层大面积的透明玻璃窗户以及精巧的分割相配合，与其左侧历史建筑竖向感较强的构图和右侧拥有丰富水平线角的历史建筑都取得了较好的呼应。

巴塞罗那历史街区中植入新建筑的几个实例，也用不同的方法解释了所在街区中历史建筑"分节式"的构成方法，用钢和玻璃构成的建筑立面有的反映出历史建筑水平的分段构成法，有的反映出历史建筑垂直的分段构成法，有的则强调出历史建筑开窗的节奏。明显地以构成分析的方法获得新建筑和历史环境的协调，并不沿用历史建筑的符号，而试图通过深层次的方法在逻辑上达到协调的目的。

---

① 傅朝卿.历史性建筑再利用教育的经验［J］.世界建筑，1998（3）：25.

（2）在历史街区重要历史景观地段的新旧协调。

在街道转角和重要历史地段建造新建筑，所要处理的不仅是立面的问题而且是整个建筑形体的设计，建筑空间构成逻辑和形式构成逻辑成为同等重要的研究对象。

案例 5-1：法国科涅克地区轩尼诗酒博物馆改建①

法国科涅克（Cognac）地区是著名白兰地酒产地，在该地区的轩尼诗公司（LaMaison Hennessy）为了更好地展示其世界文明的轩尼诗酒，决定重新建设它在夏兰特省（Charente）的观展设施。工程的内容一是修缮、改建位于弗拉门兹岸边的老建筑，二是在原有洗瓶场所扩建新的轩尼诗酒博物馆（Musee Hennessy）。博物馆改建工程建造时间是 1994～1996年，建筑面积 2800 平方米。

所有设计都必须尊重原有历史街区的环境及尺度。建筑师 J. M. 维莫特（J. M. Wilmotte）从周边历史建筑的构成方法中获取设计的线索，在建筑形体及比例上借鉴原有历史建筑的原型，分段处理建筑形体。建筑细部设计运用外挑的钢结构框架，和尺度较大的突窗形成虚实相间的节奏变化，这是其周围历史建筑开窗节奏的一种现代的变奏，使新建筑既能完全融入历史环境，又能透出一缕清新的时代气息。

案例 5-2：英国伦敦新议会大厦②

新议会大厦位于威斯特敏斯特（Westminster）地区议会广场北侧，紧邻由 C. 巴里（C. Barry）设计的老的议会大厦（威斯特敏斯特宫）。老议

---

①　资料来源：李连瑞. 一般性历史建筑的改造模式研究［D］. 青岛：青岛理工大学，2010.

②　资料来源：作者根据相关资料整理。

会大厦是一座举世闻名的哥特复兴式的建筑，建造于 1840~1865 年间。新议会大厦方案，包括众议院的办公室和会议室的项目和地下枢纽车站。

议会大厦和新车站工程融合在一起，由迈克尔·霍普金斯（Michael Hopking）事务所设计，两个工程于 2000 年相继完工，并接连投入使用。国会大厦所在地巨大的柱子延伸到地下 40 米，插入新建地铁车站部分，新车站服务于伦敦地铁环线（Circle）的交通疏导，而一组电动扶梯联系着地铁区线（District）经过的层面。工程在结构上遇到的挑战是巨大的。

而在 20 世纪 80 年代英国的文化和建筑风气中，要在作为国家象征的威斯特敏斯特宫旁边设计一座新的当代建筑，则是在艺术上几乎使人畏缩的挑战。对于完工后的建筑的尺度的考虑，来源于基地原有的维多利亚式的多层住宅，坡屋顶、老虎窗、优美的山墙面和烟囱，以及老的议会大厦哥特复兴式的建筑风格。用钢和玻璃及石材墙面构筑而成的新建筑，有着明显的分段设计，建筑巨大上升的烟囱使建筑既具有哥特建筑的向上升腾感，又和原有基地建筑及它旁边的维多利亚式建筑风格相呼应。建筑外观的细部设计很富逻辑性：垂直的石材条纹，随着高度的上升而变窄，还有青铜材质的窗框、高耸的烟囱和哥特复兴式的老议会大厦形成了良好的呼应。肯尼斯·鲍威尔（Kenneth Powell）认为：“在撒切尔夫人（Margaret Thatcher）时代策划，完工于布莱尔（Blair）执政时期的议会大厦拥有真实的文脉关系——而且比一些消极的批评家所能接受的更具创新精神。这座建成于 20 世纪的建筑已经被公认为泰晤士河（River Thames）岸地区景观的一部分。”

2. 新旧建筑的过渡与衔接

这种设计方法，在处理新旧建筑结合的过程中，运用动态发展的眼光，寻找过渡体，有意识地建立新旧结合的桥梁，在新旧建筑之间增加中介的空间，使得改建后的建筑呈现某种有逻辑的发展过程，从而取得协调和统一。一般有玻璃体过渡法，历史建筑片断作为中介过渡体、新建中介过渡空间等方法。

案例 5 – 3：欧洲摄影师之家——玻璃体过渡法①

　　玻璃体是现代设计的重要元素，由于它轻质、透明、容易和历史建筑厚重的形体产生对比，常常被用作新老建筑的过渡体。欧洲摄影师之家的前身是建于 18 世纪的坎妥布瑞·翰奥特酒店，位于弗兰克斯·米伦街和弗瑞斯街的一角，邻近里沃里街。它是列入名册受保护的历史建筑，因此不允许做任何有损原貌的改动。

　　建筑师伊夫·莱翁（Yves Lion）在 1990 年的竞标中中标。改建工作开始于 1993 年 3 月，于 1996 年初竣工。按照法国建筑协会的要求，伊夫·莱翁只是对原有历史建筑进行了修缮，在原有建筑的后翼，新建了一个建筑，在街道处可由一封闭的通道进入其中。莱翁的改建从外部看似乎非常现代：四层楼的建筑在周围的历史性建筑中显得与众不同、风格独特。新建筑使用了与原有建筑表面相似的石材，并且新、旧建筑间用垂直的透明玻璃板将两者连接起来，使新、旧建筑和谐地融为一体。莱翁认为新建筑创新的"度"是整个改建项目的关键：新建部分必须慎重，不应掉以轻心，新、旧必须"和睦共处"。垂直的透明玻璃体成为新与旧连接转换的中介。改建工作的成功之处在于：设计者在没有牺牲新建筑特色的同时，提高了原有建筑的风貌特色。

案例 5 – 4：德比市城市中心广场的改建——
历史建筑片断作为中介过渡体②

　　在德比市（Derby）城市中心广场的改建设计中，建筑师不仅试图从

---

　　① 资料来源：叶雁冰. 整合与共生——旧建筑改扩建工程的新旧关系研究［J］. 广西科技大学学报，2005，16（3）：51 – 55.
　　② 资料来源：王建国. 城市设计［M］. 南京：东南大学出版社，2021：341.

历史建筑原型之中吸取灵感，创作一个具有历史风格的立面，形成与历史环境相关联的连续界面，而且，在广场中直接引入历史建筑的片断，作为一种符号和象征，以及新旧建筑过渡的连接体。

德比是一座老城，在二战中遭到破坏。战后经过了30年，作为城市重建的一个重要组成部分，市中心的改造被提了出来。如何在满足城市现代生活要求的前提下，重现昔日城市风采，恢复当年城市生活节律，是设计要着力解决的问题。建筑师詹姆士·斯特林把内部安排有各种公共服务设施的一栋主要建筑设计成为一个连续的拱形平面，并以此来围合一个中心广场空间。这个巨型的"玻璃廊"建筑的玻璃屋面向内倾斜为45°，成为广场的背景。广场可作为城市的一个多功能活动空间使用，为市民的交往、娱乐，以及集市等提供场所。

新建筑的斜墙面还可作为露天剧场的坐席，广场中心成为一个露天剧场。詹姆士·斯特林还匠心独运地把保存在抢救城市文物存放处的一面残留的原市议会建筑入口墙面，作为剧场的舞台顶盖，斜立在广场入口，其正面恰好朝向入口方向，它成为对历史与战争的最好纪念以及城市新建筑和历史街区过渡连接的中介设立体。在此，新建筑独立存在的意义已经模糊了，使人感到的多是新建筑和城市历史环境相互的关联与融合。

案例5-5：西班牙马德里阿托查火车站改建——新建中介过渡空间等方法①

原有的阿托查火车站（Atocha Station）（1888~1892年）是一个钢和玻璃组成的精致的工艺品，由阿尔贝多·德·巴拉希奥（Alberto del Palacio）设计。1982年，建筑工程部和交通部决定全面改建这个车站，将其规模扩大四倍以应付不断增长的铁路交通，提供地铁和公交车的换乘站、出租车

---

① 资料来源：卢汀滢. 马德里阿托查车站案例解析［J］. 城市建筑，2017（11）：60-62.

服务和停车场。

1984 年，莫内欧（Moneo）赢得了阿托查再开发这个限制条件很多的竞赛项目。主要问题在于如何连接场地的不同标高。铁路和地铁分布于原汽车站和周围，道路标高 8～17 米以下。在解决这个流线问题时，莫内欧在新旧车站的逻辑连接点上设计了一个砖的圆柱设立体，并且为了协调新旧建筑，在新旧建筑的交接点上，设计了一个现代的钟楼，在城市中它显眼的形式从很远处就可以看到，夜晚耀眼的光亮像灯笼一样指示了火车站的入口，这个圆柱设立体和钟塔成为新车站和老站屋在空间上的过渡体。

在街道和中心广场，连接新旧建筑的人行步道穿越了老站，原有的火车站的站屋功能完全被更新了，在历史建筑如宫殿般典雅的结构之间，建筑师安排了一个热带花园。在这里蒸汽流创造了一个湿润的环境，维持在常温24 摄氏度，绿树成荫，鲜花绽放。咖啡厅、广播室、票务间和等候处排列在这个安静的环境中，旅客可缓解旅行的压力。在老火车站屋的外面，一个开放的下沉式广场将新站的入口、老火车站的站屋和周围的街道分开，处于空间转折点的钟楼支配着整个空间，并且给人提供了一个视觉上的支点。

五、映射衬托法

在历史街区中建造新建筑物一般着眼于协调的方法，研究新建筑的比例尺度、材料和色彩，从形式上或逻辑上取得与历史性建筑环境的协调，从而获得整体环境的统一感。在某些特殊的情况下，例如，从城市特色发扬的角度出发，或是保护与开发平衡的要求等，可以采取映射衬托的方法，通过异构对比而达到保护历史性建筑及环境的目的。

映射衬托的方法通常是新建筑采用局部玻璃幕墙或者是全玻璃幕墙的外立面，有意识地使历史环境中重要的历史性建筑在其中得以映射，从而达到新旧交融、对比协调的目的。其成功的案例有维也纳历史核心区新建的哈斯商业大厦（Heas Haus）、法国里尔美术馆的改扩建及美国波士顿约翰·汉考克（John Hancock）大厦等。

案例 5-6：维也纳历史核心区哈斯商业大厦①

　　位于维也纳历史核心区的哈斯商业大厦是奥地利著名建筑师汉斯·霍莱因（Hans Hollein）在 20 世纪 90 年代的作品。商业大厦紧邻城市重要地标之一的斯蒂芬大教堂（Stephens Cathedral），处于一个复杂的转角地段。从这个作品中，我们能看出汉斯·霍莱因对于城市历史文化的保护和设计创新的理解，在哈斯大厦靠维吉尔小教堂（Wien Museum Virgilkapelle）一侧，建筑师以协调的原则将其侧面历史建筑的立面处理方法以现代的手段引入新建筑中，表现出对历史的尊重；而大厦面临大教堂及斯蒂芬广场（Stephansplatz）的一侧，则大胆地运用了现代创新的设计，富于雕塑感的形体变化及大面积的镜面幕墙的处理，使得斯蒂芬大教堂在其中有不规则的映射，体现了建筑师的自信。这种以不同的态度对待同一建筑的方法虽说不是独创，在 20 世纪 80 年代文丘里的英国国家美术馆的扩建设计中就早有运用，但是情况不同的是，文丘里以极其谦虚的态度，用仿古策略处理和重要历史性建筑的关系，力求新建筑成为历史建筑的延续；而汉斯·霍莱因则用强烈对比的形体和材料质感与斯蒂芬大教堂对话，这种看似不合理的设计方法，反映出当代建筑师在处理新老关系的问题时，在立足于保护的同时也强调建筑自身的个性和鲜明的时代特征，这无疑是保护设计思想的进步。

案例 5-7：法国里尔美术馆改扩建②

　　法国里尔美术馆始建于 1892 年，地处里尔市中心区的共和国广场，

---

① 资料来源：王建国.城市设计［M］.南京：东南大学出版社，2021：341.
② 资料来源：让·马尔卡·伊博斯，米尔塔·维塔特，齐欣.里尔美术馆改扩建，法国［J］.世界建筑，1998（2）：29-31.

与警察总署遥遥相对。美术馆改扩建由建筑师让·马尔卡·伊博斯（Jean Marc Ibos）和米尔塔·维塔特（Myrto Vitart）设计。总建筑面积 28000 平方米（其中扩建占 11000 平方米），建筑造价 150 万法郎，1997 年建成并获法国"Morrear"银角尺奖。

改建后的美术馆底层与城市空间连成了一片，人们可以从共和广场通过建筑原有的入口进入美术馆的中庭。继而穿过柱廊、室外雕塑展场来到新楼底层与瓦卢里街相通的咖啡厅。新楼的上部为馆藏部分，下部通过的下层与老馆相通。连接体的中央是设有顶光的现代艺术临时展厅，四周布有会堂、图书室和教室。新建部分的设计充分运用反映我们这一时代的建筑语汇和材料，简单的几何形体和透明的玻璃幕墙与老馆庄重而华丽的风格形成强烈的对比。同时，与老馆对峙的新馆立面上印有规则的彩色镜面方点，方点将老馆的影像反射出来，再割成碎片，构成一幅印象派的图画。与之相应，新、老馆间的室外地面也是镜面玻璃，它同时还解决了地下展馆部分的采光。

案例 5-8：美国波士顿约翰·汉考克大厦[①]

约翰·汉考克大厦，地处美国波士顿市著名的卡普莱广场（Copley Square）的东南侧，与拥有百年历史的三位一体教堂南北相对。为了避免因为体量高大、外观极为现代化的汉考克大厦的建造而使三位一体教堂相形见绌，贝聿铭和亨利·考伯（Henny Cobb）将建筑平面设计成沿着对角线布置的平行四边形，使大厦有着加入广场周围建筑群行列的明显意向。与此同时，在大厦用地的东侧，自然地留出一块开阔的三角形地段，使大厦建造前难得向公众展示的教堂全貌能被毫无遮挡地看到。由于大厦玻璃幕墙的反射特性，从一定角度看去，恰好反映出教堂的形象，而大厦自己却似乎"消失"了。当时有评论家认为大厦既表现出极大的美感，又

① 资料来源：王建国. 城市设计［M］. 南京：东南大学出版社，2021：341.

有适当的"谦逊"。

加拿大首都渥太华是一座精致优雅的城市，跨越安大略和魁北克两省，其地理位置具有重要的政治意义。在著名的国会山前威灵顿街（Wellington Street）的南侧是上城区的商贸区，在满足城市发展的新一轮的城市更新改造过程中，地区的容积率大大提高，在处理新、旧建筑的关系问题上，人们保留了部分原有历史建筑，新建高层玻璃幕墙建筑采取映射衬托的方法保护城市的文化底蕴，给人印象深刻。

第二节　多种模式的历史建筑及环境再利用的方法

今天的城市更新与发展所面临的问题已不仅是如何兴建新建筑，而且，也包括怎样使现存的大量一般性历史建筑在不断的更新中获得新生的问题。撇开历史建筑的经济、文化与历史价值不谈，单从生态角度看，建造新建筑需要耗费大量的资源和能源，而拆除旧建筑不仅是对资源和能源的浪费，同时大量废弃的建筑垃圾也会对生态环境产生直接影响。因此对历史性建筑的开发利用既有利于保留和利用其历史价值、文化价值和经济价值，也有利于城市生态环境的良性循环。我们应该从自然资源与社会资源的整体角度，考虑对旧建筑的态度。如果我们采取积极的策略和态度，创造适宜的转化条件和提供恰当的手段，如转换功能、内部空间改造，外观更新、新旧建筑的拼接等，使其从消极状态转化为积极状态，那么，历史建筑的改造就有可能成为城市的一个亮点。

---

① 资料来源：王建国. 城市设计 ［M］. 南京：东南大学出版社，2021：341.

　　历史建筑及环境的再利用有着丰富的可能性。老的居住建筑可以改建为餐饮、娱乐、会所等商业服务设施，例如，上海"新天地"历史街区的更新改造模式；居住建筑可以改建成为博物馆，例如，巴黎毕加索博物馆是由历史上的贵族府邸改建而成；此外，历史上的宗教建筑如教堂、修道院等也有被改建为学校、博物馆的实例。从发掘历史性建筑的使用价值出发，老建筑再利用的潜力十分巨大。

　　20世纪60年代，西方国家在城市更新的名义下大规模地拆旧建新曾有过深刻的教训，经过反思开始逐步重视对旧建筑的开发利用。在过去十多年里，旧建筑的改造与开发利用已成为西方建筑师普遍涉及的业务。据统计，在美国约70%的建筑项目与此相关，在欧洲更有80%的建筑业务属于这类项目。近年来，随着后工业社会的来临，城市产业结构的调整，历史产业类建筑的再利用越来越受到各国的重视。在保护城市历史文化、实现可持续发展的目标推动下，发达国家进行了广泛的历史产业类建筑再利用的实践。这对于处于社会经济转型期的我国的历史文化保护理论和实践的进一步完善，有着重要的借鉴意义，因此，本书主要从历史产业类建筑的再利用的视角，具体研究多种模式的历史建筑及环境再利用的方法。

一、多种模式的历史产业类构筑物的再利用

（一）作为地标利用的历史产业标志

　　对于文物类的城市地标建筑的保护，如城堡、教堂等，在城市历史文化保护中是最优先被考虑的，而对于象征城市近现代工业发展的历史产业标志的保护却往往被忽视。南特市是近现代法国西部重要的造船基地，第一个造船厂落户于南特之岛是在19世纪下半叶，而后造船业经历了发展、兴盛到衰落的百年沧桑。随着城市的港口的功能逐渐被位于卢瓦尔河入海口的圣纳泽尔（St. Nazaire）市所代替，1987年南特最后的造船厂也被

迫关闭，城市只留下少量的内河航运功能。为了保留城市这一段历史的记忆，人们将原造船厂的一个巨型塔吊保留，并且重新油漆成醒目的橙黄色，使其作为城市的主要地标耸立于南特之岛，不仅维护了市民对城市已消失的功能的记忆，也为异乡的游客提供了一个解读城市的历史见证物。

德国的杜伊斯堡（Duisburg）原来是鲁尔工业区的一部分。这里曾经是世界著名的煤炭和钢铁工业生产基地，随着德国社会向后工业社会的转型，这一地区的许多工厂被废弃，并且留有大量的锅炉、炼炉、铁路设施和仓库，成为有待振兴的地区。1990年当地政府举办了旨在促进地区复兴的国际竞赛。建筑师拉茨（Latz）以保护和再利用历史产业设施为出发点，为该地区提供充足的文化、体育娱乐设施的设想中标。方案提出历史产业设施有着无可置疑的价值，不仅是在感情方面，在历史和近代工业文化考古方面也具有价值。在他们一系列的环境改造设计中，一个炼钢厂的鼓风高炉，作为地标被保护下来，成了人们登高览胜、忆古思今的好去处和地区的标志。

（二）作为历史符号和象征的再利用

西班牙巴塞罗那的格曼内斯公园（Parc Tres Xemeneies）位于帕哈莱尔林荫大道附近。场地原来是一座火力发电厂，电厂被废弃后，接近城市中心区的这个地块，被改造成为一个办公楼和一个富有特色的公园。建筑师将电厂的三个烟囱保留，组合到办公楼的空间布局设计中，烟囱作为原来历史地段特定的标志符号，突出了建筑和公园的个性；此外，电厂中的许多机器部件、电力传输设备都被重新利用，作为环境雕塑小品精心地组织到公园的环境设计之中，创造出令人难忘的场所感。

（三）作为城市新功能的载体和地区发展基点的再利用

历史产业类的构筑物除了作为地标直接保护和作为历史象征的符号加入到新建的建筑与环境之中外，某些特殊的构筑物还可能被赋予新的使用功能并且成为带动地区经济发展的动力。

1. 巴士底到万塞纳公园——林荫景观步道

巴黎市从巴士底（Bastille）到万塞纳（Vincennes）公园的林荫景观步道是一条贯穿整个第12区长度达4.5千米的城市步行系统，分为地上、地面和地下三个层次，以线性为主，点、线、面结合，是利用历史上的火车线路和高架桥所建造的多功能城市景观步行空间，成为历史产业类构筑物再利用、延续和发扬历史文化特色的典型实例。

1859年建成的横贯12大区东西的巴士底—布瓦·德·万塞纳（Bastille Bois de Vincennes）铁路线，为了适合起伏的地形，建设了一座有71个砖拱、1.4余米长的高架桥。1969年铁路线被废弃后，位于巴士底歌剧院场址的火车站被拆除，而百年来成为地区标志的高架桥得以保留了下来。

（1）恢复高架桥历史形象、提供商业使用空间、创造高架花园步行道路。建筑师贝尔热（Berger）在1988年竞赛中标后，开始实施将高架桥恢复到原来的形式的改建设计，工程于1996年完成。为了恢复高架桥原有韵味，贝尔热清除了内部填充的所有石灰石，使每个拱洞都可以居住，还配有地下室、地面层工作间和夹层。拱洞前后安装了玻璃窗和透明、半透明的墙板，但保留了拱形的立面形象。阳光照射下来，光和影勾勒出重复的结构特征。经过精心设计，高架桥上部荒弃的空中铁道被改建成为一座有名的富有想象力的线性的空中花园。花园高出街道9米，没有楼梯和供残疾人使用的电梯。高架的步行花园是人们散步和慢跑的好去处。改建后的高架桥内部产生了近1万平方米的使用空间成为巴黎的艺术家社团的栖息场所。巴士底地区历来就有数目庞大的艺术和手工艺人，高架桥的成功改建使地毯编织工、玻璃吹制工、木匠、油漆工、印刷工、铁艺工聚集在一起，组成城市手工艺艺术的展示长廊。

（2）步行功能和商业界面的延续与发扬。在和历史上高架桥的交接处，地面段的设计继续保持沿街商业界面的延续，地上段则依托步行系统的自然延伸，建设赫伊统一整治区，并且根据城市交通及地形的要求使步行道路地面与地下部分结合，继续向东发展，一直到万塞纳公园。从巴士底到万塞纳公园的林荫景观步道，以其整体的城市尺度跨越整个地区，但是它却不是轰轰烈烈、招摇过市的，而是安静地融于历史的脉络之中。它是一块有待探索的、具有强烈吸引力的场所。

2. 奥地利维也纳储气罐综合体改建设计

维也纳近郊有 4 个巨大的建于 1899 年的煤气储罐，每个直径 60 米，高 65 米。古典复兴式的红砖建筑，覆盖着金属结构的圆顶，有着纪念性建筑的宏伟体量。它们被用来储存供维也纳用的煤气，随着城市用气向天然气的转换，这些储罐从 1985 年起先后被废弃，内部设备已拆除，仅留下古典的立面。由于其厚重的砖外墙具有经典的尺度及比例，它们像 4 座工业纪念碑，具有独特的地标性。为了振兴以煤气罐为中心的这一地区，1995～1996 年举办了国际设计竞赛，要求整个设计均以保护煤气罐的原有外观为出发点，通过内部的彻底改建来适应功能的转换，使其适合现代生活的需要。

根据项目的开发要求，大型综合体应具备完善的居住、办公、商业、娱乐及服务设施。4 个煤气罐的改建设计最终分别由著名建筑师法国的让·努维尔（Jean Nouvel）（A 座）、奥地利蓝天设计室（Coop Himmelblau）（B 座）、曼弗雷迪·威道恩（Manfred Wehdorn）教授（C 座）和维尔海姆·霍兹鲍耶（Wilhelm Holzbauer）教授（D 座）完成。改建后 4 个罐的上部共提供了 600 多套公寓，其底座几层为商业、娱乐、办公等公共用房，4 幢建筑用一条连通的购物街串联起来，地下为多层车库及商业库房等。U3 地铁线一直延伸到 A 座前的地铁站，正对 A 座入口，由此穿过购物街可分别抵达这 4 个建筑，各幢建筑面向古格盖斯大街均有人和车出入口。改建后仅地上总建筑面积就达 9.4 万平方米。

煤气罐新城建成后人气飙升，由于其蕴含的历史价值、独特的外形、完善的功能以及便捷的交通，它成为维也纳举办多种文化活动的场所，源源不断的参观者也为新城带来可观效益。原本废弃的工业构筑物，通过转换功能、开发再利用以及建筑师的创意和巧妙构思，变废为宝，使旧建筑再次焕发出更精彩的生命，促进了地区的经济发展。

二、多种模式的历史产业类建筑物的再利用

（一）保护和再利用的意义

20 世纪 80 年代起，产业建筑越来越成为西方建筑保护的重要领域。随着我国经济的持续高速增长、产业结构的不断调整，大量产业类建筑的保护和再利用的问题也会越来越突出。例如，上海要花千亿元重新打造浦江两岸，这里原本是传统制造业、航运业和仓库码头云集之所，如何保护和利用原有的近现代历史产业文化资源，是一个需要全社会共同努力解决的问题。我们不愿意看到只有单一的开发模式：爆破拆除重新建设。我们希望更新、改造再利用的模式能扮演更重要的角色。

历史产业类建筑的保护和改造具有资源利用、经济效益以及保护环境和历史文化等诸多方面的重要意义和现实性价值。

通常建筑的物质寿命总是比其功能寿命长，尤其是工业类建筑大都结构坚固，并且建筑内部空间更具有使用的灵活性，与功能并非严格对应。因此建筑往往可在其物质寿命之内经历多次使用功能的变更。同时，改建比新建可省去主体结构及部分可利用的基础设施所花的资金，而且建设周期较短。

环境因素方面。改造再利用的开发方式可减少大量的建筑垃圾及对城市环境的污染，同时减轻在施工过程中对城市交通、能源（用水和耗电等）的压力，符合可持续发展的时代潮流。

社会文化方面。产业类历史建筑同样是城市文明进程的见证者。这些遗留物是"城市博物馆"关于工业化时代的最好展品，是我们认识历史的重要踪迹和线索，应该被认为是未来城市不可或缺的一部分。

（二）保护性再利用的方式

1. 多模式的功能转换

利用原有物质基础，实现功能转换，赋予新功能，使历史产业类建筑在新的时代中获得再生，这种方法是各国对产业类历史建筑及地段常采用的保护方法。从国外的历史产业类建筑改造的实例中可以看出，历史产业类建筑功能转换的模式是十分多样化的，根据原有建筑的规模、结构情况、建筑质量，以及历史地段的边界条件的不同，从使用功能上可以被改造成为不同类型的建筑。

（1）文化类建筑：博物馆、展览馆、艺术中心、学校。如由火车站屋改建而成的法国巴黎奥尔赛博物馆（Musee d'Orsay）、德国柏林现代艺术博物馆；由工厂厂房改建而成的德国卡尔斯鲁厄（Karlsruhe）艺术和传媒技术中心、英国伦敦泰特现代艺术博物馆等。

（2）商业、娱乐类建筑：商场、餐饮、电影院。如由仓库改建成商业建筑的加拿大多伦多女王港旧仓库、英国伦敦烟草码头（Tobacco Docks）；由工厂改成为餐饮、娱乐的法国南特"独特的场所"（Le Lieu Unique）、德国汉堡梅地亚中心（Media Center）等。

（3）办公、居住类建筑：住宅、公寓、办公。如美国新泽西普林斯顿格雷夫斯（Graves）住宅是由砖石结构的家具仓库改建而成；英国伦敦欧克索塔码头（Oxo Tower）内的工作室、公寓是由混凝土结构的水泥仓库改建而成；意大利米兰马里奥·贝里尼（Mario Bellini）等多家事务所工作室原来是一座废弃的厂房等。

（4）大型综合体类建筑：由于涉及整体的历史产业类建筑群的改造而形成功能复杂的新的建筑综合体。如意大利都灵林格托（Lingotto）大厦由曾是欧洲最大的工业建筑之一的菲亚特（FIAT）汽车生产厂改建而成，是以办公、会展为主，集餐饮、娱乐为一体的建筑群；改建后的德国柏林奥伯鲍姆（Oberbaum）桥形成面积达4万多平方米的办公、商业、饭店综合体；法国马恩拉瓦莱（Marne la Vallée）的诺伊斯尔（Noisiel）雀巢公司总部新建和改建建筑面积 6 万平方米，投资 80 亿法郎。

2. 多模式的建筑更新的方法

（1）完整保留建筑外壳，更新内部使之适应新功能的要求。一些产业类建筑本身由于历史文化上的价值被认定为保护建筑，在风格、样式、材料、结构或特殊构造做法等方面具有建筑史的研究价值，对于此类情况一般采取保护历史建筑外貌——即建筑立面风貌、建筑细部，对其内部更新改造的方法。例如，英国伦敦烟草码头仓库改建、比林斯门（Billings-gate）市场改建、法国巴黎奥尔赛博物馆改建工程等。

（2）内部更新和外部改建相结合。进行内部更新和外部改建相结合的这类产业建筑，一般具有较为完整的、质量较高的立面，虽然不一定被列为法律保护的对象，但是具有较高的艺术价值或其形式已经成为历史地段的标志，因此，多采用保护和改建结合的方法，既保护好历史建筑原有的特色，同时运用新技术、新材料局部改造建筑立面，使改建后的建筑具有鲜明的时代特征。例如，在法国南特 LU（Lefevre Utile）饼干工厂改建中原有的标志性塔楼被保留，厂房的一侧做了大胆但不破坏整体效果的扩建，由建筑师帕特里克·布尚（Patrick Bouchain）依托原厂房增加了一个小剧场和餐厅；在西班牙巴塞罗那，由建筑师罗泽·阿玛多（Roser Amado）及露易斯·多梅内克·吉尔博（Lluis Domenech Girbau）于 20 世纪 80 年代完成的安东尼·塔比斯基金会（Fundacio Antoni Tapies）美术馆在进行内部更新的同时，在沿街立面屋顶上用不锈钢丝团形成抽象的线条构成的图式，和有着严谨构图的古典的立面形成对比，给历史建筑增添了现代的气息，强调出美术馆的建筑个性；在英国伦敦欧克索塔码头（Oxo Tower）的改造中，建筑师在保持欧克索肉制品广告塔作为在伦敦南岸的地标这一地位的同时，原有的顶部结构被替换成为新的可以转动的翼状构造，在这个翼的两侧是具有大面积落地玻璃的景观餐厅，改建后建筑的顶部呈现出新的时代感，在白天和夜晚由不同的色彩形成不同的氛围；而赫尔佐格和德·默龙（Herzog & De Meuron）则在伦敦河岸电厂改建设计中将一个被称为"光梁"的玻璃体加在浑厚敦实的历史建筑屋顶上，成为泰特现代艺术博物馆立面上的亮点，取得了和欧克索塔码头异曲同工的效果。

利用原有历史产业建筑的物质基础，保持原有建筑外貌特征和主要结构，进行内部改造后，按新功能使用，这样不仅增加了这些建筑本身的生存活力，而且还可获得一定的社会效益。例如在美国，19 世纪曾经是工业区的纽约苏荷（SOHO）地区，现在已成为艺术家的聚居地，文化气氛浓厚，早在 1973 年就被列为历史保护区。

在国内，不少艺术家在上海泰康路和苏州河滨水地区，利用废弃的工业厂房和仓库建筑作为自己的艺术家工作室，使这些地段迅速恢复活力；广东中山市近年也将中山粤东造船厂旧址，改建为以历史产业景观为主题的城市开放休闲场所。上海其他众多的历史产业类建筑：如黄浦江两岸的杨树浦煤气厂、电厂、水厂、仓库、码头，记载上海百年产业兴衰的苏州河沿岸产业建筑及地段等，都需要精心保护。欧美国家众多的历史产业类建筑物和构筑物的保护理念和多模式的保护方法值得借鉴。在新的时代，注入新的生命力，使历史产业建筑所代表的城市近代历史文化得以留存，让产业景观美成为城市多元景观中一道独具特色的风景线。

第六章

产业结构的优化

第一节　产业结构优化理论

一、产业结构优化的含义与内容

　　产业结构优化，是指推动产业结构的合理化与高度化发展的过程。合理化主要是根据产业关联技术经济的客观比例关系，对已经不协调的产业结构进行调整，促进各个产业之间的协调发展；高度化则主要是在遵循产业结构演变规律的基础上，通过创新，加速产业结构的高度化发展。

　　我国闲置空间再生中的文化创意产业集聚，需要通过对影响产业结构变化的供给结构和需求结构进行调整，达到资源的优化配置和再配置，从而推动产业结构的合理化和高度化发展，实现产业结构的优化过程。供给结构是在一定的价格条件下，自然资源和劳动力、资本和技术等生产要素的供给比例，以及以这种供给关系为纽带的产业关联关系。产业结构优化需要对劳动力的供给结构、资本结构、投资结构，技术的供给结构，以及自然条件、资源禀赋和资源供应结构等供给结构进行结构性调整。需求结构是指在一定的收入水平条件下个人或家庭、企业、政府所能承担的对各产业产品或服务的需求比例，以及以这种需求为纽带的产业关联关系。它既包括个人、家庭、企业、政府的需求结构，以及各种需求的分配比例，也包括中间产品需求结构和最终产品需求结构，以及二者的比例，还包括作为需求因素的投资结构和消费结构，以及二者的比例等。产业结构的优化也需要对这些因素进行结构性调整。

二、产业结构的高度化与合理化

产业结构的高度化是一个动态的过程，主要是指产业结构从低水平状态向高水平状态的发展。闲置空间再生中的文化创意产业集聚，在产业结构演变过程中，主要体现出以下几个高度化特征：一是产业结构的发展顺着第一、第二、第三产业优势地位顺向递进的方向演进，二是顺着劳动密集型产业、资本密集型产业、技术（知识）密集型产业分别占优势地位顺向递进的方向演进，三是顺着低附加值产业向高附加值产业方向演进，四是顺着低加工度产业占优势地位向高加工度产业占优势地位方向演进。文化创意产业的最突出特点之一就是创新性，而创新是产业结构高度化的最大动力，创新活动和创新能力是产业结构有序发展的核心动因。

产业结构的合理化也是一个动态过程，主要是指产业间协调能力的加强和关联水平的提高。产业结构的合理化就是要促进产业结构的动态均衡和产业素质的提高，要根据资源条件和消费需求，在一定的经济发展阶段中，理顺结构，调整不理想产业结构的有关变量，实现资源在产业中的合理配置和有效利用。衡量产业结构是否合理的关键在于判断产业之间是否具有因其内在的相互作用而产生不同于各产业能力之和的整体能力。产业之间相互的作用关系越协调，结构的整体能力就会越高，则与之相应的产业结构也就会越合理。

闲置空间再生中的文化创意产业集聚，其产业结构的合理化是创意经济协调并持续增长的客观要求。在一定的经济条件下，实现产业结构的合理化，是经济协调、持续增长的保证。经济的协调与持续增长，取决于区域中资源的不断投入和有效配置，而产业结构是否合理，在很大程度上对资源配置的效果具有决定性作用。

三、产业结构的关联效应与扩散效应

产业结构效应是指产业结构变化的作用对经济增长所产生的效果，即对经济增长发挥的特殊作用。闲置空间再生中文化创意产业的进驻和集聚，其引起的产业结构优化有利于发挥产业结构效应，推动创意经济增长。产业的关联效应是指一个产业的生产、技术，产值等方面的变化对其他产业部门产生的直接或间接影响。产业的扩散效应具体表现为回顾效应、旁侧效应和前向效应。回顾效应是指主导产业的增长对向自己供应投入品的供应部门产生的影响，例如原创艺术产业的进驻促进了闲置空间区域中艺术创作材料供应机构的经济增长。旁侧效应是指主导产业的成长还会引起它周围地区在经济和社会方面的一系列变化，我国闲置空间中产业结构变化产生的旁侧效应趋向于在广泛的方面推进许多第三产业的产业化进程。前向效应是指主导产业的成长诱导了新能源、新材料、新技术的出现，改善了产品供给质量，例如时尚创意展示商铺的相继出现并集聚，促进了创意经济的发展，丰富了区域人民的精神生活。

第二节　准精神产品比重的增加：历史文化空间再生中产业结构的优化

在当今社会，人类的财富已经不仅仅被认为是物质的，而更多地被认为是精神的和社会的，人类财富的概念随着经济的发展而不断深化。学者李向民的精神经济理论认为，财富是被人类精神赋予的物质自然，人类的生产过程不仅是利用生产工具对物质材料的加工过程，更是运用人类的智慧对物质载体注入精神内容的过程：不仅是物质生产过程和价值增值过程（剩余价值的产生），更是精神内容的价值转化和增值过程。人类所有的产品都是物质资源和精神内容的统一，产品中精神内容的含量影响着产品的性质，人们将精神内容超过一定比例的产品称为精神产品。

精神需求建立在一定的物质基础之上，精神生产依附于物质生产，精神生产活动从属于物质经济活动。随着经济和社会文明发展到一定阶段，人类社会的需求发生改变，全球经济趋势开始逐渐从传统的物质经济转向精神经济，经济发展动力也逐渐从物质实体向精神产品和服务过渡。自此，人类进入了精神经济时代，人类社会的经济增长方式和产业结构发生了根本性的变化。

"在任何时代，增长不仅是经济总体的变动，而且是结构的变动。在现代经济增长过程中，人口和产值的高速增长，总伴随着各种产业比重在总产出和所使用的生产性资源方面的明显变动。"① 在精神经济时代，精神经济所带来的增长伴随着产业结构的深刻变革。创意是精神经济时代中经济发展的核心要素，以文化、信息和精神产品的生产和消费为基础的文化创意产业在全球经济总量中的比重日益上升。从社会的经济总体结构来看，物质产品和精神产品需求收入弹性的差异，引起了社会经济的转型，和社会产业结构的优化。

在社会经济增长方式和产业结构优化的同时，精神经济的发展影响着文化创意产业企业的价值创造过程。我国闲置空间的再生。吸引了文化创意企业的进驻和集聚，促进了文化创意产业的滋生，其占据较大比重的技术、设计、品牌等无形资产也逐渐成为最重要的价值驱动因素。文化创意企业是传统的企业财务理论中"轻资产"企业的典型，文化创意产业生产出来的产品，属于精神经济学中的准精神产品。闲置空间的再生优化了原有的产业结构，闲置空间中文化创意机构和企业的产生和集聚，促使文化创意产业在社

---

① 资料来源：〔美〕西蒙·库兹涅茨．现代经济增长〔M〕．北京：北京经济学院出版社，1989：46-48．

会产业中所占的比例增加，从而使准精神产品在人类社会产品中所占的比重增加，引起了精神经济学社会产品的右移。

闲置空间的再生，对社会产业结构的优化起到了促进作用。闲置空间再生中的文化创意产业集聚具有以下几个方面的特征。

首先是生产出来的文化创意产品，精神内容的价值一般远比作为其载体的物质价值大得多，在总价值中占有较大的比例优势。与传统工业化生产中的劳动和资本受边际收益递减规律影响不同的是，文化创意产业所生产的准精神产品，其精神内容是创造收益的实际推动力，财富的主要创造因素是精神内容。

其次是作为准精神产品的文化创意产品，其许多精神内容都具有易复制性，产品的增加和规模的扩大受物质条件的制约较小。例如，在闲置空间中发展音像业、影视业或者动漫产业，这些文化创意产业所生产的纯精神产品都具有很强的可复制性，甚至还可以将其精神内容与不同的物质载体结合，源源不断地开发出衍生产品。

最后是闲置空间再生中发展的文化创意产业，非常注重品牌的打造。文化创意产业是品牌化运作的产业，品牌竞争力是核心竞争力的外在表现，打造品牌是第一要素。精神经济时代是名声主义盛行的时代，使用价值、交换价值和品牌价值共同构成文化创意产品的价值。品牌价值体现着受众的精神需要，文化创意企业往往投入很大的人力、物力和财力去打造品牌，创造品牌效应。

第三节　历史文化空间再生中产业结构优化的样态分析

一、以传承和保护为主旨的体验经济发展样态

体验是"以服务为舞台，以商品为道具，以消费者为中心，创造能够

使消费者参与、值得消费者回忆的活动"。人类的经济生活先后经历了农业经济、工业经济、服务经济和体验经济四个发展阶段。体验经济已经逐渐成为农业经济、工业经济和服务经济之后的主导性经济形态，是满足人们的各种体验的一种全新经济形态。闲置空间再生中，以传承和保护为主旨的体验经济发展样态，使许多文化创意产业机构和企业不再单纯地提供商品或服务，还精心设计充满感情力量的各种体验，给消费者提供难忘的记忆。

体验的过程从本质来看是人们用一种个人化的方式去度过一段时间，并获得一系列可记忆事件。体验不同于由市场需求决定的、大批量生产的产品和服务，而是在以客户需求为导向、以服务为附加的传统理念上有所创新的互动式服务营销模式。体验通常被看作是服务的一部分，但实际上是像商品和服务一样实实在在的经济物品，人们开始逐渐将其作为一种特有的经济提供物。对受众来说，商品和服务是外在的，而体验是个人在形体、情绪、知识上参与的所得，体验创造的价值来自个人内在的反应，个性化体验比简单的商品交易拥有更高的价值。

闲置空间再生中以传承和保护为主旨的体验经济发展样态，主要分为教育的体验、娱乐的体验、逃避现实的体验和审美的体验四种。教育型体验能够通过拓宽视野来增强个人的知识或技能，要求消费者有更高的积极性；娱乐是吸引消费者注意力的良好方式；逃避现实的体验是要使消费者积极参与整个体验的塑造过程，完全沉浸其中；审美体验则通过诸如去美好的地方旅行或者欣赏完美的演出等行为活动产生，审美体验是个人沉浸在某一事物或者环境中，却往往不会对事物或环境产生影响。让人感觉最丰富的体验往往同时囊括以上四个方面。

一般情况下，体验经济具有非生产性、短周期性、互动性、不可替代性、经济价值的高增进性和深刻印象性等方面的基本特征。体验是一个人精神、情绪、体力达到某一特定水平时，意识中产生的美好感觉，体验本身不是一种经济产出，无法清点和量化，也无法创造出看得见摸得着的物品。一般规律下，体验经济往往以小时为单位，其周期性较短，例如观看电影；还有些甚至以分钟为单位，例如上网。农业经济、工业经济和服务经济是卖方经济，经济产出一般都停留在消费者之外，不与消费者发生关系；而体验经济不同，任何一种体验都是某个人身心状态与其相互作用的结果，消费者参与其中。体验是个人心境与事件的互动，体验的需求要素是突出个性化的感受，没有两个人能够拥有完全相同的体验经历，因此人与人之间、体验与体验之间一般都有着本质的区别。体验经济一般都是低投入、高产出，其经济价值具有高增进性。任何一次体验都会为体验者带来深刻的印象，让消费者对体验的回忆超过体验本身。

在体验经济时代，消费者的购买在本质上不仅是实实在在的商品或服务，更是一种感觉，是体力上、智力上、情绪上甚至精神上的体验。旅游作为一种天然的体验经济，是人们求新、求奇、求异、求美、求知的重要途径。而我国当下许多以传承和保护为主旨的闲置空间再生中的旅游产业，却呈现出日渐低端化的态势，我们对旅游活动的休闲、体验与审美性质，及其对文化创意产业的重要影响，应该有充分的认识。

厦门海岛鼓浪屿作为重要的旅游景点，其历史风貌和目前颇具规模的文化创意产业进驻，终究难挡各地闲置空间再生中同样频频出现的各种困境：例如，经济发展导致闲置空间区域日渐被遗忘和原产业空间的日渐丧失，牺牲长期社会效益而获取短期经济利益对政府和地产商的考验和诱惑，以及政府和民众对闲置空间保护和创意产业集聚区建设的不足认知，等等。面对这些困境，鼓浪屿如何抵御时间的摧残、保持风貌环境，并在原有产业逐渐丧失的同时避免目前较有生命力的文化创意产业的萧条化？

2009 年起，厦门市经济特区兴起了积极推动"艺术之岛"鼓浪屿、发展鼓浪屿文化创意产业园区的浪潮。为了促进园区的创建和发展，厦门市城市规划设计研究院委托了杭州中国美院、鼓浪屿-万石山风景名胜区管委会委托了北京 798 时代空间的艺术总监黄良福，共同策划鼓浪屿艺术岛的建设方案。2009 年底，黄良福在第三届北京国际文化创意产业博览会之文化创意产业集聚区发展论坛上，发表了题为《文化创意产业与历史街区——艺术岛计划激活鼓浪屿复兴之路》的报告。报告针对如何通过文化创意产业激活鼓浪屿的复兴之路展开论证，提出要进一步打造鼓浪的"创意生活圈"，将厦门构建成"创意之城"，要在鼓浪屿重建人文社区功能和城市时尚旅游的新景观，同时还强调要在鼓浪屿发展视觉艺术产业，将鼓浪屿建设成为多元的、新兴的文化创意产业集聚区。

值得注意的是，鼓浪屿的文化资源在当下依然颇具吸引力：文化资源集中地分布于一个风景优美、气候宜人、地处经济特区的岛屿上；是海派文化、生态文化和闽南文化三大文化资源体系的融合；既有以物质形态存在的名人故居、历史风貌建筑和摩崖石刻等物质文化遗产，也有以符号形式存在的艺术氛围、民风民俗、传统节庆等非物质文化遗产。但在当下各地文化创意产业集聚区频频现身，旅游业又往往以日渐低端化的态势充斥其中，政府、艺术家和文化创意产业界的人士在提出并协助种种建设鼓浪屿的创意方案出台时，如何避免重蹈覆辙，其行动该如何恰到好处地结合区域自身资源特性的吸引力？这样的结合，有待于通过多方的长期坚持和不懈努力，以较好的眼力和较高的趣味，保持其持久性和有效性。

我国历史文化空间再生中的产业结构优化过程，其以传承和保护为主旨的体验经济发展样态下，区域文化生态与文化商业化进程的平衡问题日益迫切。丽江古城在中国名城中具有特殊的重要地位，其不但充分体现了中国古代城市建设的成就，而且是中国民居中具有鲜明特色和风格的类型之一，还蕴含着丰富的民族传统文化，尤其是集中体现了纳西民族的兴旺与发展。而当下，商业化的进程是现代文明的标志，以四方街为核心的丽江古城，其以体验经济为主要发展样态的文化创意产业进驻和旅游产业的发展，同样带来了丽江传统民族文化遭受冲击、原住居民的大量外迁和生态环境遭受破坏等种种问题，丽江四方街传承和保护的主旨和初衷正在遭受颠覆。

丽江是一个农业和工业生产都比较落后的地区，经济发展较为滞后，旅游业和文化创意产业可以算是目前发展丽江地方经济的支柱性产业。而这两大产业都会为丽江带来人气，面临大量外来游客、艺术家和文化创意行业商户的进驻，如何保持丽江古城的历史风貌和生态环境？例如，丽江古城正在迅速恶化的水质，如今只能达到 3 类标准了，而下游的部分地区甚至低于 5 类水标准，人流量给丽江古老水系的自身净化带来了严重的威胁。值得我们深思的是，携景区特质、依风景秀美的古城丽江而生的四方街，该如何面对创意产业化进程与文化生态平衡的冲突？该如何具体调整产业的涉入标准和方式？具有优越的地理环境和独具区域特色的多元文化资源的丽江四方街，其以传承和保护为主旨的体验经济发展样态，该如何继续与现代创意思维碰撞和实践的过程？

二、以交流和创新为主旨的创意经济发展样态

创意是人类的一种智慧创造，是一种产生财富和文化积累，创造就业机会，推动社会可持续发展，促进技术改革、商业革新和提高城市乃至国家竞争力的经济驱动力。在知识经济高度发达的新阶段，创意经济是以人的创造力即创意为核心，以知识产权保护为平台，以现代科技为手段，并把创意物化，形成高文化附加值和高技术含量的产品和服务，在市场经济条件下进行生产、分配、交换和消费，以提升经济的竞争力和提高生活质量为发展方向的新型经济形态。

创意经济兴起和繁荣于现代城市，是当经济发展的动力转移到主要依靠人的个体创造力、依靠艺术文化等创意要素时产生的。创意资源是经济增长的关键，创意经济强调艺术文化的创造性对经济的推动作用，创意产业位于产业价值链的高端，是支柱性产业或者先导产业。

创意经济具有以下几方面特征：一是创意经济的本质是知识产权的占有和交易。知识产权是创意的载体，是创意商品化的表现，创意作品通过知识产权转变为创意产品。二是创意经济的核心要素是人的创造力，也就是创意。创意经济的本质是"以人为本"的、依靠智力资源的知识经济，能够充分发挥人的主动性、积极性和创造性。创意资本必将逐步取代土地、劳动和货币而最终成为经济发展的核心资本。三是创意经济的核心问题是创意的定价机制问题。创意作为特殊的生产要素，难以通过市场的一

次性交易进行直接定价。创意在现实经济生活中的定价一般是通过知识产权交易市场的特殊机制来实现，或者通过创意拥有者的创业活动来进行。四是艺术文化的创新是创意经济的动力。将艺术文化元素融入传统制造业，能够提升产品的附加值，提高产品的边际效用。五是创意产业是创意经济的表现形式。创意产业源自个人的创造力，通过知识产权的运用创造财富和就业潜力。创意的产业化体现了创意经济的财富增长效应。

创意经济实际上意味着：从以效用为重心的经济转向以价值为重心的经济；从以理性资本（物质资本和物化知识）为基础的经济转向以活性资本（社会资本、文化资本、个人知识资本、精神资本和潜意识资本）为基础的经济；从以机械组织和秩序为基础的经济转向以有机组织和生活的秩序为基础的经济。

创意经济促进了闲置空间再生中产业结构的优化，创新作为创意经济的核心内容，是产业结构优化的动力。闲置空间中不同产业间此消彼长的"自然演化"过程，既有主导产业的更迭又有产业结构的变迁。以交流和创新为主旨的创意经济发展样态，增强了闲置空间再生中产业结构的优化能力，以及对市场需求的适应能力。创意经济的源头是创意，而创意付诸行动就是创新。

21 世纪以来，北京"798"从一个普通的工厂编号，变成地标性的文化符号；从一个国有企业所有的封闭厂区，变成开放型的文化艺术社区；从一个自发形成的艺术区，变成由政府参与常态管理、进行重点规划建设的市级文化创意产业集聚区。798 凭借独特的旧工业建筑闲置空间、合适的厂房租金、优越的地理环境，创造了工业、艺术和商业相结合的典型艺术区，但其目前文化艺术与创意经济发展的博弈和发展局限，值得深思。

首先，798 艺术区的文化创意产业现状远低于其在全国乃至国际上的艺术商业地位。798 艺术区从自发集聚到纳入规范管理、日渐符号化和地标化、形成国内外知名的文化创意产业集聚区，先后历经了 17 年，相较于作为后方工厂和生活结合的宋庄，798 艺术区则倾向于展示和销售相结合的终端，倾向于中国最高端文化创意产业橱窗的打造，但实质上远没有运作到位。798 的创意经济背景和商业现实是不可否认的，而目前的展示与销售过于低调，缺乏足够明晰的艺术商业面貌，处于不事张扬但运营成本却居高不下的门面式单体经营的尴尬阶段，停留在从销售到销售的低级层次，迎合顾客意志以获取低端的商业利益，或苍白地推销这些社会转型中诞生的新文化、新艺术，实质上还是进行着粗浅的传统经营。这只会将格局做小，充其量只能满足正常的文化生意功能的需求，最终必将被其他更加商业的元素所取代。我们谈及商业艺术，并非要降低艺术的趣味，就此媚俗化和批量化，面对 798 目前极其有限的前卫艺术商业状态，反而更应该发挥艺术家的个性创造，通过充分的文化艺术资源整合，进入创意经济营销阶段，让艺术消费更具影响力，进入更广泛的群体视野之中，将创意经济做到更高境界。798 艺术区的真正定位，应该是既要艺术，又要市场。

其次，798 艺术区发展至今仍然没有成为在艺术商业上具备足够塑造力度的区域，这值得集聚区管理层面的反思：作为保留首都城区内闲置的工业建筑遗产、保护包豪斯建筑遗产风貌的官方力量，同时又作为分担管理和运营的责任与风险的地方政府该如何引导？如何从整体战略的格局，将 798 艺术区打造成艺术消费的顶级市场？而七星集团又如何做到仅仅依靠合理的租金支付每年高达 5500 万元的职工社会保障资金？如何承受作为国有企业的社会责任？798 艺术区中的各个艺术和创意机构，又该如何改变被各个小资的品牌店、咖啡馆、餐厅甚至旅游业和时尚摄影取景地抢夺而去的话语权，从自身本不该有的配角角色中解脱出来？如何改变独立的、彼此没有建立关联的艺术商业店群初始阶段的现状，联合起来并充分利用艺术区与日俱增的人流量，将艺术商业进行到底？

在 798 艺术区喧嚣表面之下的文化创意产业，实际上是一门非常孤独的生意。北京 798 在文化创意产业结构优化过程中所呈现的以交流和创新为主旨的创意经济发展样态，面临着艺术，创意和商业的博弈与兼得问题。798 艺术区需要彻底的包装，需要转变成为一个定位明确的、高端文化创意产业展示与销售的场所，需要加大力度张扬其艺术商业气息，做出艺术区的品牌影响力，建立艺术行业在商业上的标准，形成全国性的连锁规模和足够说服力的创意经济生意系统，进入真正的艺术商业化竞争阶段，挖掘潜在顾客对于创意消费的认知，尊重艺术的自由度和突破精神，释放艺术改变生活的真正力量，从而实现艺术的真正价值。

三、以开发和拓展为主旨的艺术生产发展样态

马克思在《1844年经济学—哲学手稿》中，把"艺术"等看作是人的有意识的、全面的生产活动①。马克思认为"艺术"是生产的一种特殊方式，并且受生产的普遍规律的支配②。从生产角度研究艺术、把艺术看作是一种生产方式或生活形态是马克思主义的独特发现和一贯见解。1859年，马克思在《政治经济学批判》的序言中指出："艺术"是一种社会意识形态，是经济基础的上层建筑③。马克思还在《政治经济学批判》的导言中正式提出了艺术生产概念，认为艺术生产是艺术活动的生产实践，艺术活动是作为与物质生产相对应而存在的精神生产的一种特殊生产方式，一定的物质生产方式和经济发展水平，必然产生与之相适应的艺术生产的形式与成果④。

可见，艺术不仅仅是一种社会生产形态，也是一种社会意识形态，是创造审美对象的精神生产。作为一种生产，艺术是感性的、客观的、有目的的、对象化的实践；作为一种特殊的精神生产，艺术是表现与再现的统一。艺术具有一定的意识形态性和能动反应性，以创造审美对象、满足人们的审美需要作为自己特有的目的。艺术生产既遵守一般物质生产的规

---

① 马克思.1844年经济学哲学手稿 [M]//马克思恩格斯文集（第1卷），北京：人民出版社，2009：192.

② 马克思.1844年经济学哲学手稿 [M]//马克思恩格斯文集（第1卷），北京：人民出版社，2009：186.

③ 马克思.《政治经济学批判》序言 [M]//马克思恩格斯文集（第2卷），北京：人民出版社，2009：591.

④ 马克思.《政治经济学批判》导言 [M]//马克思恩格斯选集（第2卷）.

律，又有其认识价值和审美价值，也就是有其精神生产的特殊性。艺术生产活动标志着人类精神文明的成熟程度，是人类不可缺少的一种活动方式，艺术作品是这种生产劳动的直接成果。

艺术生产虽然属于精神生产活动。但它与物质生产一样也必须以一定的人力、物力和财力的消耗为前提。没有一定的物质基础，包括艺术生产在内的任何精神生产都是不可能的。精神生产也有客观的物化过程，单纯的思维过程和抽象的观念只能留存于人的思想之中，无法直接观察和互相交流，因而达不到满足社会精神审美需要的目的。精神生产需要借助一定的物质条件，把思维观念物化于一定的物质载体上，通过物质载体的传播提供人们的实际消费。从经济学角度看，艺术生产不单纯是意识形态的精神生产活动，还是以艺术本体为内容和灵魂、以物质媒介为形式和载体的艺术经济活动。艺术本体的精神属性和媒介载体的物质属性，决定了艺术创作生产活动既是精神生产活动，同时也是物质的艺术经济活动。

艺术生产中的经济因素总是与艺术生产密切相关。这些经济因素往往不仅被社会学家所忽视，而且也被艺术社会史学家所忽视，但这些因素却涉及艺术生产的本质，涉及控制着艺术生产的特殊群体在社会中所处的地位等问题。得到生产或展示，并被欣赏者所接受的艺术作品，往往是由直接的经济情况所决定的。总之，我们可以清楚地看到，提供资金和筹措资金都不能被认为是理所当然的事，这些因素随着一般经济周期或政治变化而波动的程度，可能会决定性地影响艺术的本质，甚至决定性地影响艺术的生存。

并且，艺术是一种集体性的生产。艺术的生产需要相互协作，艺术家自身以外的各方面压制因素都会影响作品的完成。从大体上说，艺术作为一种集体生产，它涉及某些在艺术作品的直接制作过程中并不起重要作用的方面，但是，这些方面却是艺术作品制作时所必需的先决条件。有代表性的先决条件主要包括以下内容：对艺术作品主题的构思，必要的物质人工制品的制造，对从事艺术的全体人员的训练，对传统的表现语言的再创造，对使用这种传统语言去创造与体验的欣赏者的训练，以及为一种特定艺术作品提供上述这些构成部分的必要混合物。此外，艺术作为一种集体性生产，同样适用于那些表现为最为"个人的"和最为个体的艺术。例如，艺术家从事个人创作，也需要素材，需要成为一个了解艺术理论的人，需要从对文化艺术传统和习俗的了解中获益，还可能要受到艺术批评家的影响。过分强调个别艺术家是某件艺术作品的唯一创造者的做法是一种误解，许许多多的其他人员也参加了某些艺术作品的生产，甚至还有各种社会规定作用和决定作用的参与。可见，一个艺术作品的思想是无法以任何形式封闭起来的。

综上，艺术生产中不可或缺的物质生产、艺术生产中重要的经济因素以及艺术作为集体性的生产等，这些方方面面都强调着艺术生产中被人们普遍忽视的、艺术作品产生和赖以生存的历史和现实条件，以及作为生产者的艺术家们面临着各种特殊的工作条件，这些条件都影响着他们的作品和生产方式。我们以艺术家作为生产者的观点来代替艺术家作为创造者的传统观点，把艺术作品的本质看作是被确定了范围的生产，这并不是要亵渎美学使之降低到世俗的地位，而是一种保护的方法。

在上述的艺术生产中，艺术生产者与艺术品消费者之间的关系组成了艺术生产关系，艺术生产力与艺术生产关系的矛盾运动决定了人类艺术活动的特点和性质。艺术生产和艺术消费日益成为精神经济时代人们生活的重要内容，例如作为第三产业重要组成部分的文化创意产业，在我国已经初具规模，但在科技水平、创新能力、资金实力、市场运作和竞争力等方面与发达国家还存在较大差距。有效开发和利用我国许多地区的资源特性，通过闲置空间再生中以开发和拓展为主旨的艺术生产发展样态，发展文化创意产业，有利于满足社会多方面、多层次、多样性的日益增长的文化艺术消费需要，提高文化创意产品的国际影响力和竞争力。

以北京宋庄原创艺术集聚区为代表的后方工厂与生活结合的产业发展样态，是对原创艺术生产集聚的实验性探寻模式，具有以下几大特征：首先，从形成方式来看是由市场主体自发形成的，适宜特定产业发展的地理环境和低廉的进驻成本使艺术家们对环境产生了认同感，自发进驻，并最终形成集聚效应，从而带动了文化创意产业的发展。近千名艺术家、中国现代艺术的一些代表人物和知名批评家在宋庄工作和生活超过10年，对宋庄的形成起到了带头作用，20世纪90年代以来出现的"玩世主义""政治波普""艳俗艺术"的主要代表都集中于宋庄。同时，由市场主体自发形成的艺术家们的集聚，也促进了艺术创作所需原料的需求，促进了画廊与经纪机构的引入、创办和逐步增加，加速了产业的集聚和发展，从而吸引更多的艺术家进驻。此外，作为公共展示场所的东区艺术中心、宋庄美术馆、双R美术馆和上上美术馆等也都于2006年建成，经营面积共计1.45万平方米。

其次，宋庄艺术家作品的原创性较强，实验性质和市场化特征鲜明。在以自发模式形成的宋庄，艺术家们对于原创性的追求较高，甚至高于创作技巧方面的培养。宋庄中的原创艺术家们普遍倾向于将自己整体定位为非主流文化，他们根据自身的生活经验与艺术体验，寻求集体力量的认同，建立了共同的文化意识，以共有的价值观维系艺术家群体的生活和独立创作。艺术家们通过强烈的实验性质，延续了圆明园的画家村风格，在努力争取艺术地位的同时，也使得自己的作品具有了较高的风险性。同时，宋庄艺术家们的作品还具有较鲜明的市场化特征，这主要体现于每位原创艺术家独立的主题与风格，区别于其他竞争者，证明自己特有的存在意义，获取分众市场，以达到一定的创作规模，这实际上体现了明确的商业意图。

最后，宋庄的艺术作品生产多属于传统的手工作坊形式，以现代风格为主，属于艺术品生产的一级市场。宋庄的艺术作品生产和创作通常是艺术家在工作室中完成的，是创作生产与展示交易的高度合一。宋庄艺术家以创作现代风格的油画画家居多，也包含部分雕塑家、观念艺术家、行为艺术家、摄影家、独立制片人、自由作家以及音乐人等。随着宋庄和艺术家知名度的不断提高，许多策展人和经纪机构也逐渐介入进来，帮助艺术家代理部分作品，宋庄更因此呈现出文化艺术和创意产品一级市场的典型特征。

以宋庄为代表的后方工厂与生活结合的产业发展样态，是对原创艺术生产集聚的实验性探寻模式，其所体现的几大特征值得我们反思。

第一，开辟了特殊的探寻道路，打造了新的平台。宋庄以特有的资源特性和区位优势，在市场主体中自发形成集聚，与许多以展示和销售作为终端的文化创意产业集聚区不同的是，宋庄体现了生产制作文化创意产品或提供文化服务的后方工厂和生活方式相结合的特殊性质。这种特殊性质使宋庄"对于文化的意义更具有未来性，是文化、精神、情感、思维、创意等这个时代稀缺的内核元素在时空和地理上的一次绝妙集合，它的尝试意义更具价值"。宋庄的发展模式完全不同于中国的生活常态，其打出了"艺术移民"的旗号，并引入了移民艺术家们的观念和生活方式，实际上宋庄已经形成了颇具独特形态的艺术社区，形成了多元文化和创作思维碰撞产生想象并实验操作的基地，甚至对创造力较低的传统文化和充满束缚与弊端的传统文化机制产生了巨大的排斥和挑战，令人期待。从宋庄先天性适宜的地理环境、圆明园拆迁之变的偶然际遇，和较为轻松的入驻条件，到如今已经颇具规模的宋庄原创艺术集聚区，宋庄带给大家对其未来的无限想象力，更吸引着国内外对其发展文化艺术和创意产业的关注。

第二，宋庄的崛起是对文化创意产业管理上的新尝试，也是身处深层次体制改革的中国对文化发展新的内在需求的更多"默许"，甚至回应和跟进，给制度化下已经出现了很多弊端的中国文化带来多层面的刺激和想象空间。但愿它不是艺术生产中的应景之作，而是"反"体制化的创新窗口。此外，在当代艺术突破单一思想结构、快速融入国际化社会和全球化市场，产生特定的艺术家群体、多元的艺术价值的同时，还要面对形形色色的质疑和艺术批判，要面对高度资本化、物质化和商业化的社会发展步伐，要面对当代艺术对于日常价值而言的消极效能。

第三，宋庄体现了一种集群力量，这种集群力量在发展当代艺术的同时，也促进了对利益的追逐。作为文化创意产业的集聚区，宋庄是高雅智慧和财富积累的结合，作为体制外的"收获"，宋庄因艺术而兴起并形成集聚，群体的集聚力量放大宋庄艺术经济的发展，宋庄模式已经不仅仅是针对艺术家群体，更生成了从艺术家群体中拓展出来的、当代艺术与社会实践相结合的价值链。在这个价值链的形成过程中，不可回避地伴随着追名逐利。经济之于文化、文化之于未来，两者总是具有不可调和的矛盾。今日之宋庄，难以避免地弥漫着些许浮躁气息；明日之宋庄，还会保有人们今日津津乐道之理由么？它在艺术上是永恒的，还是阶段性的？

　　作为中国最大的原创艺术家集聚地，作为以开发和拓展为主旨的艺术生产发展样态的典型代表，宋庄已经成为我国闲置空间再生中文化创意产业集聚的一个重要话题，它不但需要人们突破观念和思维模式的限制去接纳它，接纳全国各地相继崛起的"宋庄"，更需要发现每一个"宋庄"自身所具有的资源特性和区位优势，需要运用这些资源和优势开发创新，需要从这种草根性质的文化中包容并迎接中国文化发展的新阶段。"彼时的宋庄是一幅用墨苍然的黑白油彩，展示着人们的艺术追求和人生自白。那最初的和最后的迷误，在历史上已成定格。"①

---

　　① 侯汉坡. 北京市文化创意产业集聚区案例辑［M］. 北京：知识产权出版社，2010：99.

第七章

历史文化空间再生中文化
创意产业集聚的最终形成

第一节 空间再生后的组成主体与内部环境

经过空间形态的演变和产业结构的优化，历史文化空间再生中的文化创意产业集聚最终形成，其组成主体主要包括起引导和支持作用的政府机构，作为核心要素的文化创意企业或个体，以及作为桥梁的文化创意产业的中介机构等。各个主体之间形成了合作与竞争关系、价值链关系和社会关系等相互关系，并逐步产生了物流、人流、资金流、价值流、知识流和信息流等，最终形成了市场环境、制度环境和社会人文环境等内部环境。

历史文化空间再生中的文化创意产业集聚，一般都有政府机构尤其是地方性政府机构的引导和扶持。即使是市场自发型的文化创意产业进驻，在发展到一定规模时，也会获得不同程度的政府资金、政策和制度等各方面支持。地方政府机构一般不直接参与文化创意活动本身，而是在营造历史文化空间区域生态和环境、发展协调区域规模、有效规范地方市场行为、加速信息传播和扩散以及对特有地方资源的挖掘方面发挥重要作用。

文化创意产业的进驻和集聚涉及形形色色的相关行业，既包括文化创意产品的专业化原材料、半成品、成品的供应商、制造商、分包商，也包括各级销售代理商、各种形式的服务商等。作为核心要素的创意企业、创意机构或个体，是历史文化空间再生中最重要的经济单元，是实现文化创意增值的直接行为主体。

文化创意产业的中介机构，包括各种文化创意行业的协会、商会组织，以及拍卖机构、画廊和各种艺术经纪机构等。作为一种市场形式，文化创意产业的中介机构兼具市场的灵活性和公共服务性特征，能够有效地协调和规范文化创意企业、机构和个体的市场行为，协助地方政府激活市场，合理配置资源，增强创新活力。

历史文化空间再生中的文化创意产业各个主体之间形成了合作与竞争关系、价值链关系和社会关系等相互关系。文化创意产业的企业也具有专业化的分工与协作，同样普遍存在着企业和机构之间的竞争，竞争为其带来动力，对文化创意产业的发展状况保持警觉性。竞争中伴随着协作关系，协同竞争的最终结果往往是实现文化创意产业的共同发展。历史文化空间主体的价值链关系是行为主体为了实现文化创意产品和服务的价值而连接文化创意产业研究开发、生产和销售等过程的关系，对历史文化空间所在区域资源特性的有效利用往往能够很大程度地降低价值链中各个环节的交易费用。在精神经济时代背景下，历史文化空间再生中各个机构和企业之间的人员关系，是各机构和企业之间关系的纽带，关系到文化艺术和技能的学习和传播，信息的交流和相互的合作，乃至再生空间整体范围中文化创意产业的创新与发展。

历史文化空间再生中的文化创意产业集聚，经过空间形态的演变和产业结构的优化，逐步产生了物流，人流、资金流、价值流、知识流和信息流等。物流主要是文化创意产品和服务的原材料、设备、半成品和成品等物质在各个机构、企业、个体等组成主体之间的流动。人员的流动主要包括横向机构和企业方面竞争者或者合作者之间的流动，和纵向产业链方面从供应商到企业再到中介机构和公共服务机构等之间的流动。资金伴随着物流而流动，主要是在文化创意产业各个企业、机构和个体之间流动，也在拍卖机构、画廊和各种艺术经纪机构等中介机构和地方政府之间流动。价值则伴随着产业结构优化后在文化创意产业价值链上的价值增值过程的活动而流动。此外，人才的流动带动了知识的流动，而文化创意产业形成集聚后，增强了信息的传播和扩散速度，使信息在各个组成主体之间具有很强的流动性。

　　经过空间形态的演变和产业结构的优化，历史文化空间再生中的文化创意产业集聚最终形成了市场环境、制度环境和社会人文环境等内部环境。历史文化空间再生后的内部环境是维护和发展文化创意产业各个主体之间关系的环境，其中市场环境主要是指文化创意产业的市场需求条件，市场需求是区域文化创意产业不断发展创新的动力，促使文化创意机构对市场长期保持敏锐的洞察力，并做出积极响应。各种规范制度的彼此协调能够促进人与人之间的诚信合作，历史文化空间再生后，规范的制度环境有利于较好地利用文化创意产业分工的优越性和行业的创造性，能够较好地控制各个机构中可能出现的任意行为和机会主义行为，促进文化创意产业进驻和集聚的良性发展。社会人文环境既体现于对原有历史文化空间历史基础和人文环境的保护与保留情况，也体现于空间形态演变和产业结构优化过程中，文化创意产业的进驻所带来的文化创意和艺术创作的新鲜血液。

第二节　文化创意产业的形成方式与集聚门类

一、文化创意产业的形成方式

　　我国历史文化空间再生中的文化创意产业进驻和集聚，大致可以分为自发型自下而上的市场需求——政府扶持方式、导向型自上而下的政府主导——市场运作方式、市场需求自发和政府主导导向并行型三类形成方式。

（一）自发型自下而上的市场需求——政府扶持方式

自发型自下而上的市场需求——政府扶持方式，主要是文化创意团体或者艺术家根据市场对文化创意产品和服务的需求，在某个范围内形成和发展文化创意产业。这种方式由市场、文化创意产业、文化创意机构或者艺术家，以及区域空间等因素共同激发，并随着市场需求的不断变化、调整和完善逐步前行。一旦市场对文化创意产品和服务产生需求，就会吸引文化创意机构或者艺术家，在具有一定文化底蕴、适宜某些特定产业发展、具有引发旺盛人气潜力并且进驻成本相对低廉的旧仓库、旧厂房、旧码头和旧街区等历史文化空间中集聚、创作和生产，形成创意链和价值链。历史文化空间再生中文化创意产业的逐渐形成增强了创新机制，促进了文化创意产品和服务的消费，进一步吸引文化创意机构或艺术家前往聚集。

在政府扶持方面，一方面，文化创意产业作为新兴产业，在初始阶段未经发展印证，政府政策的激励相对较小，但在优胜劣汰的过程中，当某些文化创意产业发展到一定阶段，经济效益和社会效益的显现会促使政府对其加以扶持；另一方面，文化创意产业发展到一定阶段后，市场自身也往往难以解决城市规划调整、配套基础设施以及公共平台建设等一系列问题，这时就需要政府对其进行间接的、辅助性的引导、扶持和常态管理，调节文化创意产业发展和集聚的制约因素，为市场主体创造良好的外部生存环境，这是文化创意产业形成、发展和集聚自下而上的一种发展方式。

上海 M50 曾经只是坐落于苏州河边的一片老厂房——春明粗纺厂遗址，由于租金低廉、空间宽敞以及交通便利等原因，吸引了以中国台湾地区建筑艺术家登琨艳为代表的一批创意人才，1999 年起，许多画廊和国际知名的设计公司也相继进驻，促成了 M50 文化创意集聚区的形成和高效产出，并影响政府将乌镇路桥到浙江路段划定为"法定上海近代建筑文化保护区"，成为即使是世界各国都市计划史上都难得一见的案例，形成良性循环的开端。

（二）导向型自上而下的政府主导——市场运作方式

在遵循市场运作的基础上，政府主导历史文化空间再生中的文化创意产业建设，有利于实现创意经济的跨越式增长。政府主导的导向型方式通常是政府在区域产业总体发展战略和发展规划指导下，综合评估区域经济、文化和社会等环境条件和发展状况，制定出文化创意产业发展战略规划。先期由项目建设单位对历史文化空间再生中文化创意产业的建设提出可行性分析建议，政府按照合规性要求审核，并通过政策优惠、税收优惠或提供服务等各种政策工具，将文化创意产业合理有效地植入没落和衰败的历史文化空间区域中，通过创建艺术与产业的硬件设施为其带来新型增长模式，吸引艺术人才，同时满足了旧城改造和利用、城市空间转换和产业结构升级等各方面的趋势需求。例如位于福建省厦门市市中心的厦门文化艺术中心，就是在政府主导作用下，将大型厂房改造成包括图书馆、博物馆、美术馆、文化馆和科技馆五个大型文化场馆在内的公共文化设施和文化创意产业集聚地，建筑面积13万平方米，总投资4.5亿元，是我国规模最大、配套设施完备的文化艺术中心。

导向型自上而下的政府主导，首先表现在历史文化空间再生中的文化创意产业打造之初，政府为其选定需要并适合再生性开发，同时具有发展文化创意产业潜力的区域，通过法案制度的形式确认文化创意产业的发展目的和类型，打造区域的创意氛围和周边环境，引入文化创意人才。其次是在历史文化空间再生中文化创意产业的集聚初具规模之时，进一步确认区域的发展方向并利用政策加以引导和扶持。最后是在其成型并稳定发展之后，自上而下的各级政府针对各个历史文化空间再生区域的不同特点在经济、技术和文化艺术等方面不断强化，结合市场运作，促进其持续深入的发展。在政府主导的全过程中，导向型方式都应注重市场机制作用的发挥，以市场需求为基础进行宏观规划引导。

（三）市场需求自发和政府主导导向并行型

我国历史文化空间再生中的文化创意产业进驻和集聚，普遍是在政府主导和市场需求的共同作用下产生的。即使许多历史文化空间再生初期是由各文化创意机构、企业或者艺术家自发进驻和集聚，在其发展到一定阶段，经济效益和社会效益获得了社会各界的认同之后，管理者、投资者、开发商等社会力量便会相继加入进来。由上文中政府扶持的自发型形成方式可见，政府推动一般是在市场需求发展到一定阶段之后引发的，作为管理者的政府和作为投资商的企业、机构或个人等在选择了进驻区域之后，以艺术的标准对其进行打造或者改造，以招标的形式吸引艺术家或文化创意产业团体的进驻，形成创新效应和集聚效应。而政府在观察并发现文化创意产业集群的发展潜力后的及时介入，有利于文化创意产业的集聚在合理有效的培育和指导中顺利形成。

上海 8 号桥便是个典型案例，8 号桥原来是汽车零配件的老厂房遗址，通过注入艺术元素，引入市场运作机制和政府立项、企业投资管理和改建、厂房出租等各种方式，如今已经吸引了世界著名设计工作室、艺术画廊、服装设计与艺术设计学校等 50 多家文化创意团体的进驻。杭州的 LOFT49，也是因为深厚的文化底蕴、宽松自由的创作空间和低廉的进驻成本，吸引了许多文化创意团体和艺术家的自发进驻，政府及时聘请并成立了专家顾问小组，对 LOFT49 的建设和发展进行了专题研究，并成立了管委会作为政府的派出机构，进行开发、规划和管理，提供公共服务。

市场需求自发和政府主导导向两者并行的方式是制度机制和市场的协同作用，各界社会力量为了各自的利益，互相制约并协作发展，促进了历史文化空间再生中文化创意产业的集聚形态和功能的多样化。而政府的统一规划、基础设施建设、政策扶持、配套公共服务的完善等，则有利于历史文化空间再生中的文化创意产业在资金、文化、创意理念等方面实现效应的最大化。

二、文化创意产业的集聚门类

根据文化创意产业的集聚门类来划分,我国的文化创意产业主要涵盖了以下几大门类的集聚。

一是艺术创意设计类。例如上海卢湾区的 8 号桥和徐汇区的尚街LOFT 等,都集中了大量国际著名的建筑设计、平面设计、室内设计、动漫游戏设计、服装设计等艺术设计企业和工作室。

二是艺术品的创作、生产和销售。北京 798 艺术区、上海 M50 等地,就吸引了很多文化创意机构、企业和艺术家的进驻,进行艺术创作和生产;而上海田子坊、四川宽窄巷子、福州三坊七巷等地,由于其历史背景、文化底蕴和交通区位等多方面原因,则逐渐发展成为文化创意产品展示和交易之地。田子坊作为我国建设最早、最具影响力和知名度的文化创意产业集聚区之一,还吸引了来自 20 多个国家和地区的 160 多家视觉设计机构入驻,成为我国著名的视觉创意设计基地,其浓郁的艺术文化氛围甚至从田子坊的老厂房逐渐蔓延到附近的石库门民居群。

三是艺术节与艺术会展类。坐落于上海市静安区西康路、余姚路一带,占地面积约 2.2 万平方米的同乐坊,是保留了中国钢铁工厂、马宝山糖果饼干制造厂、增泰纺织染厂等十几个小厂遗址的里弄工厂建筑群,2005 年被评定为首批上海 18 家创意产业集聚区之一。同乐坊约有80 余家文化创意企业或艺术家工作室进驻,除了 Cliguini 画廊、芷江梦工厂、缪斯酒吧(Muse Club)、精英酒吧(Elite Bar)等艺术品交易、先锋艺术剧场和时尚消费空间之外,同乐坊还注重推广艺术节和艺术会展业,例如其"金爵艺术沙龙",每年举办 8～10 场展览,除了实力派名家名作之外,还力推一些有潜质的中青年画家作品。

四是创意旅游类。例如丽江四方街、厦门鼓浪屿等,就是以丰富的历史文化古迹和珍贵的历史文化街区遗存为基础建立的创意旅游集聚区。此外，近年来我国许多历史文化空间再生中还吸引了影视产业、动漫产业以及新媒体艺术产业等各种文化创意产业门类的进驻和集聚，文化创意产业成为历史文化空间再生的生态资源和新生力量。并且，以上这些文化创意产业门类往往不是单一集聚，许多地区都伴随着多种文化创意产业交融共生、互相影响、协同发展。

第三节　文化空间再生中创意产业集聚的经济效益

一、直接经济效益

由文化创意产业集聚的形成方式探讨可知，我国历史文化空间再生中的投资主体主要包括以艺术家自主入驻和开发商、企业主导的进驻等市场自发型投资，以政府为主导的导向型投资，以及市场需求自发和政府导向并行型的投资等。艺术家个体或文化创意企业是核心要素，是历史文化空间再生中最重要的经济单元，是实现文化创意增值的直接行为主体，在政府机构尤其是地方性政府机构的引导和扶持下，在起桥梁作用的文化创意产业中介机构的协助之下，历史文化空间再生中的文化创意产业各个主体之间形成了合作和竞争关系。价值链关系和社会关系等相互关系，在空间形态演变和产业结构优化过程中逐步产生了物流、人流、资金流、价值流、知识流和信息流等，最终形成了文化创意产业集聚的市场环境、制度环境和社会人文环境等内部环境，产生了经济效益。

我国历史文化空间再生中文化创意产业发展的经济效益，是指文化创意产业进驻历史文化空间所产生的各种经济影响，是投资主体在自主进驻、招商引资和政策扶持等各种类型或各个阶段中投入产出效果的体现，主要包括直接经济效益、间接经济效益以及形成集聚所产生的规模经济效益等。一般情况下，由市场需求引发、在市场竞争中自发形成的投资往往具有最直接的经济效益，而政府的主导和支持，尤其是对于基础设施建设的经济投入和各方面的政策制度扶持，则往往能够较多地考虑对间接经济效益的带动和提升。

举个简单案例说明：位于上海市卢湾区建国中路的8号桥文化创意产业园，Ⅰ期是时尚生活中心集团有限公司于2003年租下的总建筑面积为12000平方米的废旧厂房，20年租约与前期投资改造费用总计4000万元左右，改造后的租金达5~7元/平方米每天，物业费是20元/平方米每月，多年以来，长期入住率均达95%以上。可见，时尚生活中心集团有限公司在三年内就已经收回8号桥文化创意产业园区的所有前期成本投入，建立了较好的盈利模式，取得了较好的直接经济效益。

当然这与8号桥历史文化空间再生的合理定位，对文化创意产业进驻的严格筛选，以及成功实现了空间形态的演变和产业结构的优化密切相关。8号桥目前是各种新兴文化创意产业汇聚的中心，吸引了各个国家的顶级文化创意产业机构进驻，形成了良性循环。

二、间接经济效益

直接经济效益表现的是对国民经济的直接贡献，而间接经济效益则表现了对国民经济的间接贡献。在综合评价历史文化空间再生中文化创意产业集聚对国民经济的作用和贡献时，这两大效益都应兼顾。但在目前的文化创意产业集聚研究中，主要还是集中于直接经济效益对国民经济的贡献，因为间接经济效益研究难度太大，涉及的范围太广，关系到文化创意产业各个门类之间和其他相关行业之间错综复杂的相互关系。因此，目前的研究普遍是从定性分析的角度对文化创意产业的间接经济效益进行探讨。

历史文化空间再生中的文化创意产业集聚，其间接经济效益主要包括两大类：一类是文化创意产业所获取的间接经济效益，它的大小反映了文化创意产业对国民经济的推动作用；另一类是文化创意产业所传递的间接经济效益，它的大小反映了文化创意产业对国民经济的带动作用。

首先，根据上文中对于集聚门类的探讨可知，文化创意产业主要通过艺术的创作、生产和销售，艺术节与艺术会展类，艺术创意设计类和创意旅游类等集聚门类来细分市场。这些文化创意行业的进驻，促使文化创意产业集聚区域内获取了活动经济和创意旅游等相关的间接经济收益。再生后的历史文化空间本身也可以成为一个新的旅游区域，这样的旅游景点也能反过来刺激当地旅游业的发展。从经济学的角度说，这是"供给的增加刺激消费增长"。其次，文化创意产业作为第三产业，与国民经济的其他行业具有密不可分的关系。历史文化空间再生中的文化创意产业集聚，对一个经济区域的文化内涵、经济能级、开放程度和就业能力都具有难以衡量的催化作用和提升作用，对周边区域房地产业、建筑室内设计、当地旅游业和住宿、餐饮、购物等相关产业，都具有很强的辐射力和带动作用，能够提升与之相关的行业收入，传递无形的间接经济效益。

值得一提的是，不同城市的消费能力会有很大区别，从而产生的间接经济效益也会大不相同。一般情况下，在北京、上海、广州等一线城市，历史文化空间再生中的文化创意产业集聚带来的间接经济效益体现得较为明显。例如，位于北京通州的宋庄原创艺术集聚区，近年来文化创意产业的进驻使集聚区乃至宋庄镇的间接经济效益都得到了较大的提升。2005年，宋庄原创艺术集聚区所在镇域的生产总值就达到 12.5 亿元，税收收入达 2.57 亿元，农民的人均收入达到 9285 元，全镇有 446 家工业企业，主要带动了印刷、服装、电子、铸造、食品甚至轻型建材等六大行业，三次产业结构比例为 16∶53∶31，而作为集聚区核心区的小堡村的经济基础和经济条件更是得到了较好的提高。镇域内的佰富苑工业区成为北京市 65 个重点工业园区之一，占地 147 公顷，总投资 7.5 亿元①。截至 2005 年，小堡村引进的企业就达 153 家，2005 年度实现工业总产值 8.5 亿元，税收

---

① 资料来源：作者根据相关资料整理。

收入达1430万元，人均收入达10500元，工业园区建立了十多个相关行业，解决村民就业达90%以上①。近年来，宋庄传统农业不断改组、改造和升级，农业附加值和就业率的提升反映了文化创意产业集聚对当地间接经济效益的良性影响。

三、规模经济效益

规模经济效益，是指在适度的规模中，通过对资源的有效利用所产生的最佳经济效益，在微观经济学理论中，它是指由于生产规模的扩大，降低了长期的平均生产成本和经营费用，从而能够在成本方面取得一定优势，使产品的市场价值更加有效地得以实现。

规模经济是人才、技术、资本等生产要素在一定的经济系统中发生集聚效益的产物，不同的地区存在不同的区域优势，文化创意产业的进驻也应选择适合该产业发展要求的地区，结合区域优势有利于和谐发展。经济活动在地区之间并不是一种均质分布的结构，而是呈现区域集中的特点，不同区域特色的文化创意产业集聚，会出现不同的区域规模经济形态，产生不同的规模经济效益。

根据产业关联的不同关系，区域中文化创意产业集聚的经济形态主要包括以下四种类型。

一是纵向关联的产业集聚。这主要是指一种文化创意产品的生产，从原料到最终产品所经历的各个生产环节，其生产组织过程是通过纵向关联的产业链得以实现的。这一连串生产环节的集聚，体现着文化创意行业之间密切的投入产出关系。例如，位于福建德化县的月记窑国际当代陶瓷艺术中心，就是一个集窑土开采、陶瓷创作、生产、展示和销售于一体的文化创意产业集聚区。完整的产业链和一体化经营模式，使集聚区企业的外部经济得以内部化。

---

① 资料来源：作者根据相关资料整理。

二是横向关联的产业集聚。这种经济形态"是一个产业大类的多层次亚类产业的集群"。位于英国伯明翰（Birmingham）的珠宝街就是典型案例，伯明翰市珠宝街区作为一个高效、功能现代的工业街区，拥有满街的小作坊和小工厂，街区保留着历史建筑，其中很多还以原来的方式使用着。这些作坊和工厂聚集在一起，充分利用自古以来的珠宝街名气和人气资源，共享各种要素。

三是互补关联的产业集聚。当文化创意产业在某一区域内实现一定程度的集聚之后，就有可能出现某些不同产业的集聚，扩大区域的产业增长点，产生互补。例如，长期以文博展馆艺术表演展示和文化创意产品销售为主的福建福州三坊七巷，随着人气的提升逐步开始运营活动经济和创意旅游业，以各种文化创意产业活动的运作和旅游业的开发，进一步带动其他文化创意产业的发展，形成互补性的规模经济效益。

四是具有先天性区位优势的个别区域，形成了多种文化创意产业的集聚。这种文化创意产业的集聚普遍发生在经济较为发达的地区，各种文化创意产业纵横交错，共同享有集聚所带来的外部经济效益。例如上海的田子坊，既是原创艺术家和文化创意企业的集聚之地，又是文化创意产品展示和销售的场所，还适合发展创意旅游业；又如水城威尼斯（Venice），其艺术双年展活动涵盖了视觉艺术、音乐、舞蹈、戏剧、电影和建筑六大领域，长期集聚着形形色色的艺术盛宴，此外，双年展的存在还为威尼斯打造创意旅游产业带来了双重的保障。

第四节　新时代全局发展轨迹与区域发展走势

一、总体发展轨迹

我国很多地区都拥有具有历史性人文特征、完整文化风貌或者优秀文物古迹的建筑遗产，以及具有特殊资源特性和场所感价值的旧厂房、旧仓库、旧码头等历史文化空间。"20世纪60年代时，历史文化空间在多数人眼中只是一些老旧不堪的场所，随着价值观的逐渐改变，到20世纪70年代，人们开始重视历史文化空间并进行保护，在经济发展所导致的变革和保护需求对物质环境所做出的限制之间寻找平衡"①，博物馆式的传统古迹保存观念也逐渐产生了积极的突破，发展文化创意产业集聚等活化保存方式在80年代后广受重视。当然，历史文化空间的保护与再生、文化创意产业的进驻与集聚是基于对缺乏人性关怀的批判，对现代建筑与城市更新的反思，从历史文脉中寻求合理的空间，"在创造场所感和保护环境的同时，重建历史文化空间的经济基础"。

文化创意产业的进驻和发展是历史文化空间再生的重要途径之一，以独有的物质形式和特色的精神内容，打造形式多样的精神产品。近年来，我国各地相继自发形成以书画艺术为主的文化创意产业园区。2004年，深圳、上海首先带头打造了文化创意产业园区，随后北京、杭州、南京、苏州等地的文化创意产业园区也纷纷建立。随着文化产业的概念由地方实践逐渐进入中央文件，文化创意产业也备受关注和重视。文化部自2004年11月起开始在全国各地命名"文化产业示范基地"，截至2010年底，先后命名了两批共4家国家级文化产业示范园区和四批共204家国家文化产业示范基地，发展文化创意产业。

2005年4月，以上海创意产业中心为平台的创意产业发展服务机构成立，并为田子坊等18个上海创意产业集聚区挂牌。这些园区中有来自美国、日本等30多个国家和地区的创意设计企业800多户，从业人员上万人。此后上海又相继挂牌了多批创意产业集聚区，产业门类涉及工业设计、时尚艺术、动漫、游戏软件、网络媒体等。其中，上海卢湾区以知识外包、广告设计、节庆活动、旅游休闲、时尚消费等为发展重点的田子坊

---

① 徐锦江. 始于建筑，成于故事，归结到人：上海市"建筑可阅读"活动研究［J］. 文化艺术研究，2021，14（5）：8－20，111.

和 8 号桥，普陀区以生产性服务、动漫设计、软件设计、工业设计和文化艺术等为发展重点的 M50，闸北区以工业设计、动漫设计、建筑设计、传媒设计、会展旅游等为发展重点的老四行仓库，等等，都是我国历史文化空间再生中文化创意产业集聚的典型代表。

2006 年起北京开始使用"文化创意产业集聚区"的概念，形成了囊括创意设计、复制生产、流通销售等产业链各个环节的重要空间载体。其中，著名的北京 798 艺术区、宋庄原创艺术与卡通产业集聚区、潘家园古玩艺术品交易园区等均为依历史街区而生的创意产业集聚区，有机结合了创作和生产、交易和消费，对产业结构调整和文化形象塑造都具有重要作用。

经过几年的发展，我国文化创意产业的经济地位日益提升，产业集群的发展态势日趋显著，文化创意产业集聚区的影响力也越来越大。2010 年上半年，仅北京市的文化创意产业集聚区新增的各类文化创意产业就达到 227 家，累计土地开发面积超过 533 公顷，完成各类政府投资 25 亿元，吸引带动社会投资 20 亿元[1]。北京和上海等我国的文化中心城市，其文化创意产业发展，尤其是历史文化空间再生中的文化创意产业进驻和集聚，对全国来说具有辐射带动作用。

二、区域发展走势

从区域分布来看，我国大致可以分为东部、中部和西部三个经济区域：东部主要包括北京、天津、河北、辽宁、上海、山东、江苏、浙江、福建、广东、海南 11 个省份；中部主要包含吉林、黑龙江、湖北、湖南、河南、山西、安徽、江西 8 个省份；西部则主要包括新疆、内蒙古、陕西、甘肃、青海、宁夏、广西、重庆、四川、贵州、云南、西藏 12 个省

---

① 经济参考网. 促进文化创意产业集聚区功能提升 [EB/OL]. [2010 – 12 – 17]. http：//www.jjckb.cn/2010 – 12/17/content_276787.htm.

份。文化创意产业布局总体上呈现东部、中部、西部的梯度差距，东部地区经济较发达，文化创意产业整体发展水平和产业集聚力量都比较强大，而中西部的文化创意产业集聚则主要依托地域性和民族性的生态文化资源和历史文化资源。

我国东部的文化创意产业发展侧重于文化创意产业的高端行业，在重视高科技和高创意结合，重视专业化的、有创新活力的产业发展的同时，推进东部地区向中西部区域的知识溢出和创新扩散。而中西部区域文化资源丰富多样，产业转型的机会成本比较低，对文化创意产业的显示需求潜力较大，地方政府积极性也较高，比较适合吸纳区域特有资源，发展有区域特色的文化创意产业。

第五节　历史文化空间发展的总体问题与发展对策的思考

一、总体问题

在精神经济时代背景下，我国历史文化空间再生中的文化创意产业发展，面临着许多宏观和微观方面的问题。

在宏观方面，首先，我国长期以来一直把文化创意作为意识形态方面的东西来看待，这在现有体制下导致了文化创意产业难以完全开放，从而限制了它的发展。虽然我国的文化体制改革不断深化和完善，但较之于大部分西方发达国家而言仍有差距。

其次，我国文化创意产业发展的产业政策体系亟待进一步完善。国家对文化创意产业的宏观政策体系影响着文化创意产业的具体运作机制和实施效果，也影响着文化创意产业的产业结构和投资条件等。文化创意产业的政策体系包括政策实施主体（政府部门）、政策客体（政策本身）和政策手段三要素，而政策手段则包括法律手段、经济手段和行政手段三方面，其作为政策主体落实产业政策的方法和措施，会对文化创意产业政策的实施效果产生最为关键的影响。从这三方面来看，我国仍存在如下问题：例如我国目前还没有文化基本法，现有的《著作权法》《知识产权法》《非物质文化遗产保护法》等法律，对文化创意产业方面的立法层次还较低；在经济手段方面，我国的文化创意产业管理和建设明显侧重于专项建设资金的投入，忽视了公共服务的建设；在管理方面，对我国各个地区的特点和条件考虑不足，造成了许多地区的盲目推进和资源的不合理配置，枉费了许多地区具有的先天资源优势。总之，我国文化创意产业发展政策体系的建立和相互衔接等方面还比较欠缺，发展机制还很不完善。

在微观方面，首先，我国目前有许多历史文化空间再生中的文化创意产业集聚区基础设施建设不足，统一管理缺位。尤其是自发形成的文化创意产业集聚，往往由于在集聚初期阶段没有经过充分的统筹和协调，区域内的文化创意企业、机构和艺术家各自经营、自我管理，区域的基础设施和配套设施比较落后，基础资源结构配置不合理，公共服务系统不完善。许多区域的市场管理不到位，有效空间和后备空间不足，且部分发展文化创意产业的再生空间还处于未经开发的旧城区或者城市周边地区，交通不畅，区域的基础交通设施和道路通行条件都有待改善。当下的社会发展普遍侧重于交通运输和通信等公共基础设施的建设，却对公共文化服务机构和公共信息服务机构等基础设施建设欠缺重视。良好的基础设施建设可以为文化创意产业的发展提供更好的创新平台，降低成本，发挥更大的社会效益。

其次，区域文化创意产业链不完整。对于文化创意产业集聚来说，产业链以分工经济为依托，主要包括文化创意资源、创作、文化创意产品生产、包装集成、文化创意产品和服务的流通和展示六个环节，产业的集聚应该是具有产业链关联的企业和机构的有机结合。完整的产业链有利于解决产业发展过程中的各方面问题，降低创作成本、生产成本和交易成本，提高产业的整体竞争力。目前我国历史文化空间再生中的文化创意产业集聚，其文化创意企业、机构和艺术家的数目不少，但多数都尚未形成完整的产业链环节，当下区域内文化创意企业、机构和艺术家数目的较迅速增长和产业链关系的较缓慢进展成为急需解决的矛盾问题。当然，产业链也可以跨区域打造，难以建成完整产业链的区域，可以与外部企业或机构之间协同合作。这又涉及我国目前文化创意产业集聚区域内部企业和机构与外部单位之间尚缺乏有效联系的问题。

再次，历史文化空间所在区域传统文化优势和文化创意人才的资源未能充分发挥出来，文化创意产业经营管理人才普遍缺乏。我国许多地区都拥有丰富的历史文化资源和铺天盖地的文化创意产业品牌，但创意力量集聚不够，文化资本的长期积累难以形成，这导致具有长久生命力和高附加值的品牌很少，被合理充分利用的历史文化资源寥寥无几。文化创意产业企业和机构普遍缺乏具有较高文化水平、熟悉市场运作、懂得艺术管理和经营的专业人才，也因此而缺乏促进文化创意产业化的经纪公司，影响了文化创意产业阶层真正意义上的完善。

最后，有许多人谈及文化产业或创意产业色变，认为文化产业的发展和创意产业的建设是对文化艺术本身的扭曲和破坏行为。这些观念和想法普遍是源自我国许多文化创意产业在发展建设的过程中过分偏重产业发展，从而忽略了对文化生态环境的保护等方面的因素。尤其是历史文化空间，再生中的文化创意产业进驻和集聚，在保护旧建筑空间的基础上发展创意产业，盘活文化资源，将其转化为文化资本、再生空间、实现可持续发展是首要目标。我国的文化创意产业发展建设面临缺乏从整体角度通盘考虑区域地理特点、地方文化资源分布、文化传统等多方面问题，许多地方至今未能实现保护、盘活和发挥的有效结合。

二、发展对策的思考

结合精神经济的时代需求，针对历史文化空间再生中文化创意产业发展的总体问题，今后文化创意产业的进驻和集聚，应充分利用历史文化空间的区域资源特性，选择合适的依托模式，从基础工作的总体完善、管理水平和文化创意产业发展水平的全面提高到具有国内外知名度的高层次和高素质人才的大面积聚集，重视资源的可持续利用和文化创意生产的特殊性，均衡文化创意与产业的总体发展，重视整体性保护，重视统计指标体系、创意指标体系、景气指数和评价指标体系的建立，建构具有当代性的空间形象，实现传统文化资源的现代性转化，在实现当代文化价值的同时获取经济效益等各个方面建设我国历史文化空间再生中的文化创意产业，更好地促进其总体发展。

第一，在总体上对基础工作进行完善。由于我国文化创意产业发展面临着体制性和产业政策体系等宏观方面的问题，我国历史文化空间再生中的文化创意产业发展资金、税收、奖励等各方面优惠政策有待促进和落实，可针对我国情况采取先行先试的方式在部分典型区域率先推出。在资金方面，我国迫切需要政府设立专项的文化创意产业发展基金，为其提供融资服务；也需要政府对文化创意产业的税收和奖励政策加以倾斜，以吸引更多企业团体和个人的加入，促进集聚效应和集聚区的形成；政府是文化创意产业的最大投资者、需求者和消费者，政府对文化创意产品和服务的采购份额对文化创意产业的发展和建设具有支柱性的支持意义，因此政府对文化创意产业的采购机制亟待形成；此外，在文化创意产业的集聚区域内广泛开展形式多样的文化会展和节庆活动，发展论坛和文化创意年会，或者举办各种文化创意比赛和创意市集，有利于文化创意产业各个机构之间的互动效应和消费群体的形成，提高总体文化创意策划水平和创意设计能力，并占领市场。

第二，应重视文化创意产业管理水平和发展水平的提高。我国历史文化空间再生中的文化创意产业进驻和集聚，尤其是自发型的进驻和集聚，日常管理方面往往较为薄弱，再生空间中的文化创意企业、团体和艺术家应重视区域内管理体系的完善，搭建区域文化创意产业项目与社会资本对接的平台，促进区域健康有序地发展。政府机构的参与和扶持则可以通过建立具有议事协调机构性质的地方性管理机构或者管委会等，出台相关管理条例，设立专题会议制度和专家咨询机构，将再生空间所在的社区、街道、乡镇等纳入管理体制，建立地方性文化创意产业发展的公共服务平台。此外，文化创意产业同样遵循市场发展规律，文化创意产业的发展应重视产业组织的创新，重视投资人、经纪人甚至经纪公司的形成和培养，努力打造完整的、具备自身优势的文化创意产业链和经营格局。

第三，我国历史文化空间再生中的文化创意产业建设，在客观上要求具有国内外知名度的高层次、高素质人才的聚集，除了要重视吸纳当地文化创意企业、机构和艺术家，还需要把握对跨区域和在海外从事文化创意产业的优秀人才，尤其是具有深厚传统文化底蕴的留学归国人才的吸纳，另一方面还要重视吸纳具有将文化创意产品产业化和市场化能力的营销人才和经营人才，为文化创意产业发展提供良好的传统文化基础和人力资源条件。

第四，针对我国长期以来偏重产业发展的问题，历史文化空间再生中的文化创意产业发展应重视考虑资源的可持续利用和文化创意生产的特殊性，兼顾文化创意产业在再生空间中的重要作用和功能，以及文化创作、生产、复制、传播和消费的特点，不能以单一的产业思维看待历史文化空间再生中的文化创意产业建设。此外，既然是针对历史文化空间的产业结构优化，就不应像全新建设的集聚区那样划园而治，与周边环境完全区隔开来。而应设法融入再生空间的文化环境，成为再生空间的有机组成部分，其区域边界仅仅是一个相对概念而非绝对概念。

第五，重视加强历史文化空间再生中文化创意产业的整体性保护，重视各地再生空间区域统计指标体系、创意指标体系、景气指数和评价指标体系的建立，加强文化创意产业发展和再生空间合理有效融合的研究。整体性保护是对历史文化空间中的历史建筑、城市功能和社会结构的整体保护，在历史文化空间中发展文化创意产业时，不可忽略对建筑形态、功能分区以及居民构成的整体性保护，重视其观念、立法和对资金的管理。统计指标体系是将再生空间的核心区或中心区作为相对稳定的统计检测区域，进行长期的统计检测、分析研究，并进行相应管理。而创意指标体系、景气指数和评价指标体系则是与国际接轨的评估体系，可以通过官方网站、各种普查报告以及调查问卷等获得数据来源，分析区域的文化资源、创意能力、产业化程度、集聚度、软硬环境、经济发展潜力、融资能力、国际化水平等各方面相关指标，分析区域的综合竞争力，为文化创意产业的发展和建设提供决策依据。

第六，历史文化空间的再生需要建构具有当代性的空间形象，实现传统文化资源的现代性转化，在实现当代文化价值的同时获取经济效益。当下我国需要得到大家认同的文化，不仅仅包括古老的传统文化，还包括能够得到全世界认同的当代文化形象，而目前在很多国家的认知模式里，中国的当代文化形象是缺失的，人们普遍认识的是古老的中国传统文化。因此，历史文化空间的再生中的文化创意产业集聚，需要建构具有当代性的空间形象，深度开发我国的文化资源，尤其是挖掘可以开发利用的创意资源，实现创造性提升和能量的转化（尤其需要注意对当下不符合社会需求和不适应时代发展规律的文化创意资源的改善、转化和重新构建），结合当代文化的元素构成来配置中国文化创意产业的产品内容和交易平台，实现传统文化资源的现代性转化，进而在实现当代文化价值的同时获取合理的经济效益。同时，具有当代性的空间形象建构、对传统文化资源的现代性转化和合理的经济效益，也能同时改善人们对于文化产业发展和创意产业建设的认知，使其理解这两者并非对文化艺术本身的扭曲和破坏行为。

第八章

城市历史文化空间的现代化建设实践案例分析

第一节　辽宁地区博物馆的创设

一个地方博物馆创设的水平，与地区的经济水平、文化氛围密切相关。毕竟游览博物馆，欣赏文化展品，是人们在解决衣食住行等基本生活需求之后进行的精神享受。博物馆事业在一定程度上属于休闲产业、文化产业。很难想象，在战争、社会动荡不安的大环境下，博物馆事业能有好的发展。

同样，博物馆的创设属于社会公益事业，需要大量的人力、物力、财力的持续投入，这就离不开政府以及社会各界的投入和关注。博物馆是城市公共交往的空间，城市管理当局能够以博物馆为纽带，将市民、观众紧密地结合起来。

一、辽宁地区博物馆的创设价值

如果想了解一个地区的历史，了解一个地区的特色之处，走进博物馆就能达到目的，因为博物馆就是城市对外开放的窗口。客观地讲，长期以来，辽宁地区博物馆在普及人文社会科学知识、促进文化旅游发展、保护文化多样性、提升城市品格、提高市民素质等方面发挥了不可替代的功用。这些博物馆为辽宁建设宜居、和谐和幸福城市添加了分量。

辽宁省博物馆原名东北博物馆，位于东北重工业基地之一的沈阳市，是新中国最早建立并具有一定规模的博物馆。1948 年冬沈阳解放，东北文物管理委员会接收了原沈阳博物院筹备委员会古物馆，遂筹建东北博物馆，并以解放战争中征集的大批文物充实了馆藏，于 1949 年 7 月 7 日正式开放。

辽宁省博物馆设置有研究室、文物工作队、保管部、群众工作部、技术室等部门。研究室从事东北历史考古和中国美术史及渤海、辽金史的研究，并负责陈列设计、古器物的鉴定。文物工作队负责省内地上地下文物的保护和发掘。保管部负责文物的征集、收藏、整理、编目，以及文物资料的交换。群众工作部负责组织导引观众，进行讲解。技术室承担出土文物的修复、复制以及书画的临摹、装裱、锦匣盒套的制作等。

辽宁省博物馆以藏品丰富、独具特色闻名于国内外。历代绘画、书法、刻丝、刺绣、辽宋瓷、版画、壁画、青铜器、甲骨、碑志、货币等类文物，皆有可观。古代绘画和法书，一部分是爱新觉罗·溥仪从北京故宫携至长春，伪满洲国垮台时散佚，最后转归博物馆的。其中部分孤本和名作后移畀北京故宫博物院，《写生珍禽图》（黄筌）、《清明上河图》（张择端）诸巨迹也在其内。

馆藏的《簪花仕女图》，为中唐贞元年间珍品，技巧已臻古典写实主义的高峰，是我国传世唐代仕女卷轴画中的明珠。董源乃五代南唐名家，他的《夏景山口待渡图》，从李思训、吴道玄蜕化而出，推动了我国山水风景画划时代的进程。与董源盛名相埒的李成，生活在北方一带，画风与董氏迥异，北国风光与一片江南，真是各有千秋而又异曲同工。《茂林远岫图》破米芾"无李论"之谜，已成海内传世孤本。被认为唐韩干之作的《神骏图》，精巧殊绝。明人詹景凤《东图玄览》持李公麟说甚坚，实则画风纯法唐人，而非摹写，有其独得之妙，应是五代初年高手所为，诚属艺苑菁英。经金章宗完颜璟题签之《宋徽宗摹张萱虢国夫人游春图》，其可贵之处在于为后世留下了唐开元年间的时代风貌，借以探索彼时的历史背景和艺术特征，仅亚于第一手资料。《捣练图》早已流出国外，与之为姊妹名篇的《游春图》，其艺术价值，不言而喻。马和之所绘《诗经图》，清乾隆年间入藏内府达二十余卷，命名《学诗堂》以储藏之。后为溥仪携出，散佚不少。所幸这个博物馆还收藏其中数卷，内《唐风图》诸作，尤为精妙，经南宋人曾觌鉴藏，益增其时代的可靠性。此外宋元名画尚多，明清佳作也粲然可观，但限于篇幅，不能毕举。近现代绘画是辽宁博物馆收藏的又一重点。多年来，有系统地搜集了大画家齐白石早、中、晚期作品，曾据此编印《齐白石画册》一部，后附画家行年大事记，略可窥知齐氏一生艺术发展演变的脉络。同时期有造诣的其他画家的作品，也收藏不少。

辽宁博物馆馆藏的历代书法，上自东晋，下至明清，也较为丰富。晋人小楷《曹娥诔辞》，又名《升平二年帖》，是传世稀有瑰宝，书法犹存从汉隶发展到真楷的痕迹，北宋名鉴藏家黄长睿肯定为王羲之手迹，宋高宗赵构则认为晋人所书，颇为允当。唐初大书法家欧阳询墨迹，寥若星辰，这个馆收藏有其早年的行书《千字文》和晚年的《梦奠帖》。欧阳书唐人钩填本已弥足珍贵，何况此两件均属真品，为我国艺术宝库增添了光辉。唐武则天时期弘文馆钩填的《王羲之一门书翰》，原名《万岁通天帖》，为研究王氏家族书法艺术的珍宝。狂草创派人张旭的《古诗四帖》，《宣和书谱》原著录为南朝谢灵运之作，直到明末，始鉴定为盛唐张旭手迹，用它与《绛帖》中张氏《千字文》残本和《淳化阁帖》属于汉张旭名下的《肚痛帖》诸帖对照研究，诚如北宋米芾所见，都应视为张氏之作，唯《古诗四帖》已成传世孤本。两宋书法，赵佶、赵构、赵睿祖孙三代流传下来的墨迹，各具特色，值得探讨。大诗人陆游八十岁时的自书诗，诗作炉火纯青，草法苍劲豪迈，堪称双览。此外如朱森、张即之、文天祥诸人真迹，自成体系，都是少见珍品。

久负盛名的历代刻丝、刺绣作品，为本馆特藏文物之一，原为朱启铃先生穷毕生之精力和财力收集和保存下来的，曾著录于《存素堂丝绣录》，在三十年代，朱氏转让与张汉卿先生，后由本馆收救。这批珍品的制作时代包括宋元明清四朝，有不少稀有绝品，如北宋刻丝《紫鸾鹊谱》整幅，精工之极，世间别无二本；南宋朱克柔《牡丹图》和《山茶图》，代表一个时代刻丝工艺的最高成就；刺绣中之《瑶台跨鹤图》《梅竹鹦鹉图》诸作，为宋代刺绣之精英。至于明清作品，数量较多，亦不乏佳构，难于尽述。

馆藏的富有地方特色的辽代陶瓷，少部分从民间搜集而来，大多出土于墓弗之中，出土时常有北宋精美瓷器伴出。辽瓷的形制，有鸡冠壶、凤首瓶、海棠式盘和碟等。鸡冠壶由于制作时间的不同而存在风格上的差异。三彩器的制作，是辽瓷中的一大特色，牡丹花饰颇为普遍。单色釉以黄、黑、绿为主，晶莹光泽，间有细开片，别饶风趣。白瓷仿自定窑，碗底刻"官"或"新官"款，在赤峰缸瓦窑遗址中还曾发现带"官"字款的窑具。

辽宁博物馆的辽陵出土的汉文和契丹文帝后哀册，以及其他一些契丹文和汉文墓志，都极其珍贵。博物馆中还藏有著名货币学家李佐贤原藏并在《古泉汇》中著录的历代钱币，益以近年出土的战国、秦，汉至辽、金货币，几乎集古代货币之大成，对研究我国货币发展史是难得的资料。古地图类藏品中，明代重彩绘制的许论《九边图》，以及李应试以木板刊制具有经纬线的利玛窦（Matteo Ricci）《两仪玄览图》（世界地图），都是海内孤本。

藏品是博物馆活动的基础。以上所述，大部分为传世文物。1949 年以来，由于考古发掘工作的开展，出土了大量历史文物，辽宁省博物馆馆藏也因此得到充实。原始社会考古，先后有金牛山、庙后山、鸽子洞、八间房旧石器时代早、中、晚期文化遗址，发掘出土的打制石器、细石器和古动物化石等，与北京周口店的旧石器文化有着密切的联系，对研究细石器文化的起源有着重要价值。新石器时代文化遗存，近年发现更多。北票丰下、建平水泉、沈阳新乐、旅顺郭家屯、土珠子多处遗址的发掘，为探索辽西辽南地区原始文化提供了新资料。早期青铜文化的遗址和墓葬很多，出有彩绘陶，青铜器也偶有发现。从彩绘图案的雷纹和兽面纹，以及黑陶磨光，再施彩绘的工艺考察，应属于早商文化在我国燕山以北地带的繁衍滋盛，从而弥补了数千年于史无证的空白。奴隶社会相当发达的商周，青铜文化十分繁荣，辽宁地区也不例外。1942年在今喀喇沁左翼蒙古族自治县（以下简称喀左县）小城子出土过一件大铜鼎；1955年，原凌源县马厂沟（今属喀左县）发现以燕侯盂为主的商周青铜器窖藏；以后，又陆续在喀左县北洞、山湾子、小波汰沟和义县花儿楼等处发现商周青铜器窖藏；此外，锦州、抚顺、新民等地亦偶有发现，从而使本馆的青铜器藏品大大增加。属于春秋、战国时期的青铜短剑墓葬以及西丰西岔沟西汉匈奴墓群、北票十六国北燕冯素弗墓葬、朝阳隋唐墓群、法库叶茂台辽墓群的发掘，以其具有浓郁的地方与民族特色的出土文物丰富了馆藏。出土文物的不断增加，逐步改变了辽宁博物馆藏品以传世文物为主的状况。

辽宁省博物馆的陈列，初期以馆藏文物分类展出，偏重于对古代艺术品的欣赏。继而改为断代历史文物陈列，在一个历史时期内，把各类文物按时间先后逐步展开。1963年更易为历史艺术陈列，既表现稀有的传世艺术品，又突出地方考古的珍贵资料。现在的基本陈列，以中国通史为经，地方历史为纬，按照时代的序列，分为原始社会、奴隶社会、封建社会三个阶段，展出了三千余件珍贵的文物，辅之以若干图表。原始社会的展品，绝大多数是辽宁省历次发掘的；奴隶社会，反映青铜文化的高度发达，展出文物主要为近年省内历次出土的青铜器精品；封建社会部分，以辽宁省古代少数民族历史文物为重点。为了丰富活跃广大观众的文化生活，辽宁省博物馆每年都举办专题展览，内容多样，知识性与欣赏性兼而有之。有的展览还送到各市县和工厂、农村巡回展出。

（一）博物馆的创设有助于社会科学知识的普及

多年来，辽宁省社会各界积极参与人文社会科学普及。人文社会科学的普及需要有基地建设，我国各级政府高度重视人文社科普及基地建设。

（二）博物馆的创设有助于提升城市文化品格与培育

人类改造客观世界的自信心随着社会的进步而大为增强。人们相信，虽然在足够的财力和技术的支撑之下，人类完全可以在短时间内复制出一个现代化的地方，但是必须承认富含文化遗产的城市无法复制，因为文化具有无可辩驳的世代累积性，是人类社会的宝贵财富。所以从这个意义上讲，辽宁众多的遗址类博物馆因具有历史的原真性而显得弥足珍贵。它们是辽宁无可替代的名片，是辽宁对外宣传的窗口。

传统社会给予生命个体以稳定、整体与归属的感觉。现代社会通过各种方式消解了传统社会的赋予，从而使人们变得焦躁、茫然、无助，找不到回家的路。个体在生命旅途中找寻的"我从哪里来""我在哪里""我要去哪里"三个问题，实际关联历史、当下与未来。博物馆的一个重要使命就是要让现代社会中的人们通过阅读历史，发现当下，思考未来指向。如果博物馆真能增益个体生命，那么真可谓善莫大焉。

博物馆具备提升市民素质的职能。通常而论，市民素质主要涉及健康素质、思想道德素质、科学素质、文化素质、审美素质、法律素质六大维度，而市民与博物馆的亲密接触则有助于上述素质的养成。徜徉在博物馆城中，市民的审美情趣、文化情操在无形之中得到了潜移默化的改变。纵观世界现代化大都市，无不把博物馆建设作为城市建设的重要内容，其根本原因即在于此。就辽宁而言，市民在游览辽宁一系列近代优秀历史建筑时，其审美情趣在无形中发生了潜移默化的改变；博物馆陈列的物质与非物质工业遗产则让人们充分领略了近代工业的科学施工以及技术的合理性和地域性的巧妙结合。

辽宁的区市博物馆同样具有提升居民素质的功能。通过记事碑，我们能够了解，认知与学习古人至诚至信的品德。

（三）博物馆的创设有助于辽宁开展文化旅游

旅游的本质与文化多样性具有契合之处，因为旅游的本质是人的"文化突破"与"文化创新"行为。旅游者是要打破自我生存的文化界域，在打破过程中感受"他文化"对心灵的撞击和情感的提升与满足，进而达到享受生活、拓展生命长度和广度的目的。为此，"文化多样性"成为旅游的本质需求。而博物馆是保存文化多样性的重要方式，因为博物馆保护的是独特的文化资源、一段城市记忆与地域文化特色。这就是说，博物馆能够让人类突破时间和空间的双重限制，通过"旅游"欣赏和学习的手段，去体验文化的多样性，找到和享受不同时空维度下文化独创性的无限吸引力，启发和充实人生，培养人类对不同文明的理解、欣赏、学习的能力，进而达到热爱生活、和平、生命、自然的文明状态。

近年来，博物馆一直是地方复兴的刺激因素，也是城市标志性建筑以及人们社会交往的重要地点。博物馆实际上是公共文化空间。城市博物馆是保护地方文化的重要手段之一，有助于地方文化的绵延，有助于文化的多样性。

《博物馆条例》积极鼓励博物馆发展其他文化产业活动。第十九条第二款规定：博物馆从事其他商业经营活动，不得违反办馆宗旨，不得损害观众利益。第三十四条规定：国家鼓励博物馆挖掘藏品内涵，与文化创意、旅游等产业相结合，开发衍生产品，增强博物馆发展能力。

众所周知，博物馆旅游几乎不受季节变化的影响，这个特点对于辽宁文化旅游的开展意义重大。按照业内人士的体认，辽宁每年适合开展户外旅游的高峰时间是在 7～10 月，不到半年的时间，而其余时间辽宁基本处于文化旅游的萧条时期。博物馆基本为室内参观体验，几乎不受季节变化的限制，所以博物馆也是辽宁文化旅游的重要景点。博物馆不但在旅游旺季发挥生力军的作用，而且在旅游淡季亦能承担旅游接待功能。

截至 2018 年底，辽宁省每年观众数量有 6000 多万人，其中博物馆的观众能够达到 600 多万人，占到辽宁观众的 10% 左右。辽宁省发展文化旅游应该是包括博物馆在内的多种元素集中发力，需要形成合力，共同推进文化旅游在广度和深度上的发展①。

----

①　资料来源：作者根据相关资料整理。

辽宁省文化和旅游局成立后，负责管理文化活动和全域旅游。推动非物质文化遗产和优秀民族民间文化保护、传承、普及、弘扬和振兴，管理和指导全市文物、博物馆工作，管理和指导全市考古工作。诗与远方有了紧密结合。

（四）博物馆的创设有助于保护文化多样性

毋庸置疑，文化多样性是世界众多民族在人类社会中的创造过程和成果。它生动映现出人类与自然、文化之间在时间、空间、结构、生态等多个层面的有机互动，最终展示了人类自身独特的生存智慧。直面工业化、全球化、市场化、城市化、信息化、现代化等浪潮，人类过分追逐生产生活的标准化、大量化、消费快餐化以及产品市场占有区域的最大化，文化趋同加剧，文化多样性遭到威胁乃至毁灭，保护文化多样性终于成为人类亟待解决的重大课题。为了消解这种威胁，世界各地掀起了一场声势浩大的文化多样性运动。这场文化运动促使每个民族都在反思自己的传统文化，重新评估本民族的文化财富，从而坚定了走各具特色的现代化之路。创建博物馆的重要目的之一就是发现、保护、传承体现文化多样性的独特智慧和文化创造物。博物馆能够保护反映不同国家和地区、不同时代的文化创造成果，保护反映不同性质、结构、机理和面貌的文化体系。

国际社会很早就意识到博物馆在保护文化多样性中的独特作用。2016年国际博物馆日的主题是"博物馆与文化景观"。作为自然与历史的结合，文化景观指的是一个处于持续变化和演进中的特定区域，是某种特定的地理特性和时光与人类活动变迁的结果。无论是个人还是社区，都对保护和增强文化景观负有责任。上述任务也同样落在了博物馆的肩上，无关区域规模的大小，博物馆拥有作为该区域物质和非物质遗存的实物和元素。"博物馆与文化景观"这一主题促使博物馆对文化景观承担起责任，要求博物馆为其文化景观的管理和维护贡献知识和专业技能，扮演积极的角色。博物馆的首要任务是保管好博物馆馆区内和馆区外的遗产。博物馆的天然使命是结合其周边开放状态的文化景观和遗产探究任务领域，开展自身的活动，从而在不同程度上肩负起责任。

辽宁自古以来就是多元文化重合之地。博物馆的创建展现了辽宁本土自古代经近代至现代的文化嬗变历程，更有博物馆是世界各地文化物品的直接迁移所筹建的。这些藏品数量庞大、品类纷杂的博物馆无疑是辽宁为保护世界文化多样性作出的杰出贡献。

二、辽宁地区博物馆的创设特色

博物馆城是指城市主要基于自身丰富的文化资源建成数量众多的博物馆。在理想状态之下，这些博物馆布局相对集中合理，门类多样，地域特色突出，展品丰富，展示手段先进，便于开展文化消费，易于产生规模效益。这些博物馆承载着城市发展的文化脉络，同时又能积极融入城市日常生活中。

辽宁地区博物馆城建设旨在依据整体性科学保护的策略，主要合理利用辽宁本土文化遗产优势创设博物馆，发展文化事业与文化产业，从而能够有效化解历史文化保护与经济社会发展之间的矛盾，真正延续"蓝天、碧海、绿树、红瓦、黄墙"的城市历史风貌，切实提升市民幸福指数，最终实现建设文化辽宁、和谐辽宁、宜居辽宁的目标。在政府的主导下，社会各界积极参与博物馆建设，成效显著。

三、辽宁地区博物馆的馆舍建设

博物馆馆舍是博物馆立足的直接依托，是博物馆外在形象的直接体现。同时，博物馆馆舍更是直接关系到藏品的安全与有效展示，也关系到观众的人身安全问题，因此，世界各国对博物馆馆舍的建设无不高度关注。

相对固定的馆址和合适的馆舍空间是充分发挥博物馆功能的根本前提。因此，国家有关部门制定出台了《博物馆条例》《关于贯彻执行〈博物馆条例〉的实施意见》《博物馆建筑设计规范》《博物馆评估标准》《全国博物馆评估办法》等一系列文件，针对博物馆的选址和馆舍的建设都作出了明确和严格的规定。

《博物馆条例》第二章第十条规定："设立博物馆需要具备固定的馆址以及符合国家规定的展室、藏品保管场所。"该条规定的目的是通过馆址的相对固定，为藏品提供便利的保护与展示场所。该条例中所说的固定馆址可以理解为自有产权或长期租赁，但不能是临时、短期租用，更不能存在产权纠纷。在博物馆的具体选择建筑类型方面，《博物馆条例》第二章第十条规定："博物馆馆舍建设应当坚持新建馆舍和改造现有建筑相结合，鼓励利用名人故居、工业遗产等作为博物馆馆舍。新建、改建馆舍应当提高藏品展陈和保管面积占总面积的比重。"这就是说，国家鼓励新建博物馆和保护性利用建筑遗址作为博物馆"两条腿"走路的方式。从博物馆馆舍的建筑年限角度，我们可以把博物馆分为新建博物馆和遗址类博物馆。当然，依托文物保护单位等历史建筑或古遗址等设立的博物馆，必须符合国家关于不可移动文物保护的相关规定。

国家文物局 2014 年 8 月发布的《关于民办博物馆设立的指导意见》也规定民办博物馆应当具有固定的适宜的办馆场所。馆舍应符合《博物馆建筑设计规范》等国家和行业颁布的有关标准和规范的要求，设置专用的展厅（室）、库房，以及符合国家规定的安全和消防设施。展厅（室）面积与展览规模相适应，不低于馆舍建筑面积的 40%，不低于 400 平方米，展厅（室）适宜对公众开放。依托历史建筑、故居、旧址等不可移动的文化遗产实物并以其原状陈列为主的博物馆，展厅（室）面积可适当放宽。馆舍应以民办博物馆自有为主；租赁馆舍的，应提交有效的"房屋租赁证"，租期不得少于 5 年。由举办者或他人无偿提供使用馆舍的，应由所有者提供场地无偿使用证明。不得租借其他博物馆作为办馆场地申请办馆，也不得使用居民住宅、餐饮场所、地下室和其他不适合办馆或有安全隐患的场地作为办馆场所。民办博物馆的注册地，应与其馆舍地址相一致，与其章程中的地址相一致。

现实操作方面，本着方便社会公众游览的目的，博物馆业内普遍认可的博物馆选址原则主要有四个：一是安全性，博物馆周边不能有易燃、易爆、有害气体，烟尘与噪声；二是舒适性，博物馆需要建在空气清新、场地干燥、排水通畅、通风良好的区域；三是易达性，博物馆周边交通便利，城市公共基础设施完善；四是文化性，博物馆周边文化氛围浓重，最好博物馆建筑本身就是历史建筑或者是历史优秀建筑，甚至是文物建筑。人们通过实际考察可以发现，中外运营良好的博物馆大多基本满足以上四个条件。

需要指出的是，当下对博物馆馆舍的消防要求越来越严格。2018 年 9 月 2 日晚，大火席卷了巴西国家博物馆。博物馆藏有包括古埃及、古希腊罗马文物，拉丁美洲多个民族不同年代的文物及艺术品，巴西 500 年来的历史文献资料等。翌日，我国应急管理部消防局下发通知称，各地消防部门要联合住建、文物、宗教等部门，立即开展文物建筑、博物馆等公众聚集场所的消防安全检查。2019 年 4 月 15 日，巴黎时间 18 时 50 分许，法国巴黎著名地标建筑巴黎圣母院突然遭遇大火。火灾致使塔尖倒塌，左塔上半部被烧毁，世界著名的玫瑰花窗也被烧毁。

四、辽宁地区博物馆的藏品收集与整理

藏品是博物馆的核心资源，是实现博物馆功能的基本要素。作为博物馆开展活动的物质基础，通常情况下，藏品的数量应当与博物馆的规模相适应，藏品的种类则应当与博物馆的宗旨相符合。因此，无论是国有博物馆还是非国有博物馆，在设立前需要组织相关专家对藏品进行评估，论证藏品能否形成陈列展览体系，最终根据评估结果确定是否设立博物馆。

一般而言，博物馆的收藏与保护是指对博物馆所有的文化与自然遗产进行收集、日常管理、科学保护、修复、收藏和登记在册。在《关于保护与促进博物馆和收藏及其多样性、社会作用的建议书》（联合国教科文组

织，2015）中，"收藏"被定义为"物质与非物质、过去和现在的自然与文化财产的集合"，所有成员都应在其各自法律框架内界定其认可的"收藏"一词范畴。这说明联合国教科文组织和国际博物馆协会充分考虑到世界各国的政治、经济、文化、社会、历史、法律和观念的差异，将收藏的界定权交予各国政府予以具体考量。

中国政府对博物馆藏品的数量和合法性有严格规定。就博物馆藏品的数量而言，国家文物局《关于民办博物馆设立的指导意见》要求非国有博物馆的藏品数量应当在300件（套）以上，如果依托历史建筑、故居、旧址等不可移动的文化遗产实物并以其为主要保护、研究、展示内容的博物馆，以大体量实物收藏为主的博物馆，藏品数量可以适当放宽。国家文物局的《关于贯彻执行〈博物馆条例〉的实施意见》也明确提出，博物馆藏品原则上不应少于300件（套）。

博物馆藏品来源必须具有合法性，在这个问题上没有商量余地。《博物馆条例》第二十一条明确规定：博物馆可以通过购买、接受捐赠、依法交换等法律、行政法规规定的方式取得藏品，不得取得来源不明或者来源不合法的藏品。其实，不得取得来源不明或不合法的藏品，既属于法律明确规定的范畴，也是博物馆最为基本的职业道德底线，更是世界各国在博物馆收藏方面的公认立场。当然，随着市场经济的充分发展，逐利之风愈演愈烈，在很大程度上造成了文化遗产从考古挖掘到保护的巨大挑战。博物馆必须守住底线，不能成为非法盗掘品的目的地。目前，我国非国有博物馆在征集藏品与管理方面存在问题，如藏品来路不明、真假难辨，甚至非法收藏，日常管理也杂乱无章。我们需要严格遵循《博物馆条例》的相关规定，切实做好博物馆藏品的征集和管理工作。

因为藏品是博物馆赖以生存的基础，所以保护好、管理好藏品，尤其是文物藏品，是博物馆的首要任务。受益于历史悠久的中华文明，我国博物馆馆藏的文物数量巨大，品类繁多。根据相关统计，我国文物系统的博物馆拥有藏品数量已经超过3000万件（套），非国有博物馆等也都收藏了大量珍贵的文物①。

五、辽宁地区非国有博物馆的创设

进入 21 世纪之后，中国的非国有博物馆发展迅猛，蕴含无限生机。中国已经形成国有博物馆为主体、非国有博物馆为重要补充的发展格局。

（一）非国有博物馆相关概述

通常而言，非国有博物馆是为了教育、研究、欣赏的目的，由社会力量利用非公办文物、标本、资料等资产依法设立并取得法人资格，向公众开放的非营利性社会服务机构。

从中国非国有博物馆的实践来看，目前非国有博物馆从投资主体上来分主要有以下几种类型：个人兴办，即由个人力量投资创建和经营的博物馆；民企兴办，即由私营企业自主投资创办和运营的博物馆；国助民办，即由国家或政府在资金、土地或场馆建设等方面帮助个人或企业建立的非国有博物馆。而民间收藏者投资博物馆的原因主要有：一是出于公益考虑，把自己多年的收藏与更多人共享；二是出于经济考虑，想达到以藏养藏的良性循环；三是企业办馆，投资建博物馆纯粹是为了树立企业自身形象或了却投资者个人的文化情结；四是可以使文物收藏合法化。

众所周知，中国长期实行社会主义计划经济体制，文化事业在国家的支持和指导下有计划开展，国有博物馆逐步发展壮大起来。非国有博物馆的发展是 1978 年之后的事情，初步打破了在博物馆行业内国有博物馆一统天下的局面，基本形成以国有博物馆为主体、非国有博物馆为补充的博物馆事业发展格局。非国有博物馆就是对国有博物馆的补充，而且一定是有益补充，不是重复。尽管如此，国有博物馆在中国博物馆行业结构中依

---

① 人民网.《博物馆条例》出炉　鼓励博物馆向公众免费开放［EB/OL］.［2015 - 03 - 03］. http://culture.people.com.cn/n/2015/0303/c172318 - 26625630.html.

然占有绝对优势地位。有数据为证，2010 年国有博物馆在博物馆总数中所占比例为 86.6%，2011 年为 85.1%，2012 年为 83.3%，2013 年为 80.5%，2014 年为 78.2%[①]。尽管所占比例呈逐年下滑趋势，但是主导地位毫不动摇。同时必须承认，近年来非国有博物馆的发展势头强劲，2010 年非国有博物馆在博物馆总数中所占比例为 13.4%，2011 年为 14.9%，2012 年为 16.7%，2013 年为 19.5%，2014 年为 21.8%。截至 2013 年底，全国登记在册的非国有博物馆有 811 家，比 2010 年的 456 家增长了 355 家，增长幅度为 78%。而欧美日韩等国家和地区的国有博物馆在整个国家博物馆结构所占的比例一般不超过 30%。

中国非国有博物馆的壮大与文物管理政策的导向密不可分。文物管理政策鼓励社会力量参与文物保护工作。1982 年的《中华人民共和国文物保护法》确认了文物所有权的多种形式，明确规定了民间文物的合法来源，为民间文物收藏活动奠定了法律基础。1998 年国务院发布了《民办非企业法人登记管理暂行办法》，把非国有博物馆列入非国有非企业法人单位，为其在全国范围内注册登记提供了政策依据。2001 年北京市颁布的《北京市博物馆条例》，首次以法规形式鼓励和提倡社会各界、公民个人兴办博物馆，调动了社会办馆的积极性。2002 年新的《文物保护法》公布实施，明确许可民间收藏文物，从而结束了民间收藏无法可依的历史。2005 年《国务院关于非公有资本进入文化产业的若干决定》发布，将博物馆列入"鼓励和支持非公有资本进入"的领域，大量民间资本开始涌入博物馆事业。2006 年起实施的《博物馆管理办法》规定，对博物馆实行藏品管理，并对博物馆的资质提出了具体要求。2010 年国家七部委联合颁发《关于促进民办博物馆发展的意见》，正式使用"民办博物馆"的称谓。《国务院关于鼓励和引导民间投资健康发展的若干意见》第十七条明确指出，鼓励民间资本建设博物馆、图书馆、文化馆、电影院等文化设施。这些趋向充分表明了政府对发展非国有博物馆的决心，无疑会坚定非

---

① 资料来源：作者根据相关资料整理。

国有博物馆的办馆信心。

（二）辽宁地区非国有博物馆的创设对策

1. 理性创建

总体而言，现在国家、省、区、市各个层面，对非国有博物馆的创设无论是在政策还是资金或者是技术的支持力度方面都是很有力的。并且未来较长时间内，支持的力度会进一步加大。作为非国有博物馆的创建者需要阅读文件，咨询相关部门，对于创建博物馆的风险要有充分的认知。其实，非国有博物馆的生存发展难度很大，有资料表明："1996～2008 年，全国注册了近 700 家非国有博物馆，但生存下来的只有不到 5%。而这 5% 里面的大部分博物馆是靠一些投资者在艰难地支撑着。"这种状况在辽宁也屡见不鲜。辽宁非国有博物馆经营存在多重风险。辽宁琴岛钢琴艺术博物馆接手前任钢琴博物馆，由于前任存在债务纠纷问题，债主在博物馆院落扯起讨债横幅，给博物馆正常开放带来不利影响，博物馆的社会服务等也就无从谈起。毕竟博物馆经不起失败，如果失败，往往是灭顶之灾，直接导致博物馆闭馆。所以经验非常重要，危机预判能力要强。

2. 合理定位

博物馆尤其是非国有博物馆建设必须考虑定位问题，即究竟是为哪些观众服务；要有足够的服务意识；是专业类博物馆，还是大众性服务馆，因为这将直接决定博物馆开馆后服务社会的质量和观众的人数。当然博物馆的最佳定位是专业性与大众性有机结合，但是这种状况在现实社会中实在是少之又少。

大多数非国有博物馆虽然占地面积不大，但专业性较强，强调世界性眼光，也就是开放精神。也就是说，博物馆的建设要高起点、高标准、严要求，要走在当地、国内乃至国际的前列。因为当今是开放的世界，文化观众来自世界各地，他们对文化的全球化都有着各自不同的深刻理解，博物馆对于本领域的历史发展必须有详尽的涉猎。同时，在追求个性化的知识经济的今天，博物馆又要突出自己的特色，即与众不同的地方，让游客进来，有一种耳目一新的感觉，进而在心中泛起一丝异样的感觉，有一种游览的冲动。即使是回去仍然有想再回来看看的感觉和急于向亲友推荐的想法。这就需要博物馆着重突出地域特色，在展品的内容、博物馆内部布局、导游介绍、博物馆载体、现代化服务设施、灯光、氛围营造诸多细节方面下足功夫。人的因素也是非常关键的。在当今细节决定成败的时候，我们必须注重细节化的处理。重复性的建设活动不仅让人感觉乏味、视觉疲劳，而且费力、费财、费时。越是民族的，越是世界的。既然是世界的宝贵财富，就应当让世界人民来充分享受。

非国有博物馆的创设特色要注意错位。这其中既包括非国有博物馆之间要注意特色错位，同时也包括非国有博物馆与国有博物馆之间的特色错位。崂山区有两家非国有的西方艺术博物馆。其创建者就需要考虑突出各自的特色，以免造成重复性建设，同时带来经营困难。

3. 充分认知非国有博物馆运转规律

国有博物馆与非国有博物馆的运行规律大不相同，主办方对此应当有清晰的认知。对于非国有博物馆这种新生事物而言，虽然各级政府在舆论、资金、业务等方面给予了充分的关照，但是非国有博物馆应当立足自身，寻求发展。在资金方面，非国有博物馆可以根据自身的实际状况寻找资金，努力加强自身的造血功能，而不要一味依靠政府和社会的救助。在业务方面，有关员工的培训、展品的陈列与保护、灯光与游览线路的设计、解说词的凝练、展馆的日常维护等方面的知识，非国有博物馆都需要及时向文物主管部门、同行等咨询。非国有博物馆只有积极出击，主动学习才能够在现代化、市场化、城市化、工业化、信息化、全球化的浪潮之下立于不败之地，成长壮大起来。非国有博物馆在创建之初对于自身的定位及发展思路不清晰，与国有博物馆雷同。它们在藏品收集上没有找到真正适合它们自身发展的市场空间；在运作上，缺乏参与意识，在与旅游业或商业的结合以及同仁的联合上未发挥积极性，或者过于依赖创办人持续投入，或者仅仅把希望寄托在藏品的流通上，而没有致力于诸如艺术品的复制、仿制、拓片以及相关资料的收集整理等新渠道的开发上。当然，非国有博物馆发展困难与希望并存。如何克服知识、资金、场地以及后续运营等短板一直是关心博物馆事业发展人士思考的问题。国有博物馆可以提供帮助。国有博物馆和非国有博物馆的权利与义务基本相同，开放时间、展览质量、活动针对性、社会责任感的承载等面临同样的竞争。

在服务讲解方面，提高业务人员综合素质，打造出一支具有扎实的专业知识、良好的职业修养、高超的讲解艺术和富有人文情怀的讲解导览团队。另外，在服务硬件设施方面，要真正从观众需求出发，为老弱病残等特殊人群提供相应的服务设施，为观众休息提供餐饮或休息场所等。

博物馆作为一个公共文化管理机构，其管理涉及对人、财与物的管理。一支充满工作热情、知识结构合理的管理队伍有助于博物馆业务的正常开展。本章主要探讨辽宁地区博物馆的管理法规政策与机构、管理人员、经济收入、理事会制度建设以及科学研究等问题。

六、辽宁地区博物馆的管理法规政策与机构

博物馆作为人类社会一定发展阶段的产物，其存在与发展必然受到政府机构的管理和法规的制约。事实表明，无论是国际、国家还是省市各级管理组织都制定了较为详细有效的博物馆发展规划政策，以期获得良好的效果。

（一）博物馆管理的相关法律法规政策

世界各国的博物馆发展历程表明依法管理博物馆能够确保博物馆的可持续发展。依法管理博物馆也是我国文化强国的重要手段之一。

1. 国际层面的博物馆相关条例

法律法规是保障博物馆事业可持续发展的有力措施。联合国教科文组织多年来一直致力于文化遗产的保护与利用，先后通过了一系列的相关条例。据不完全统计，与博物馆和收藏直接或间接相关的国际条例主要有：《武装冲突事件中文化财产保护公约》（1954）、《禁止和预防非法进口、出口、转让文化财产所有权办法公约》（1970）、《世界文化与自然遗产保

护公约》（1972）、《国际统一私法协会盗窃或非法出口文物公约》（1995）、《保护水下文化遗产公约》（2001）、《保护非物质文化遗产公约》（2003）、《保护与推进文化表达多样性公约》（2005）、《经济、社会与文化权益国际公约》（1966）、《考古发掘可适用国际原则建议书》（1956）、《博物馆人人可及最有效做法建议书》（1960）、《禁止和预防非法出口、进口和转让文化财产所有权办法建议书》（1964）、《文化财产国际交流建议书》（1976）、《保护可移动文化财产建议书》（1978）、《保护传统文化与民俗建议书》（1989）、《联合国教科文组织国际文化合作原则宣言》（1966）、《联合国教科文组织世界文化多样性宣言》（2001）、《联合国教科文组织关于蓄意破坏文化遗产的宣言》（2003）、《关于保护与促进博物馆和收藏及其多样性、社会作用的建议书》（2015）。这些宣言、建议书、国际公约从文化遗产的保护、收集、整理，博物馆的建设运营等诸多方面为博物馆事业的顺利发展提出了切实可行的建议。

2. 我国国家层面博物馆相关法规政策

依法治国是现代化的重要标志之一。我国高度重视法制建设。依法管理博物馆事业也应当成为依法治国的应有之义。1949年以来，与博物馆事业相关的法律、行政法规、部门规章从无到有，从初步建立走向进一步完善和完备。这就为博物馆事业的建设和管理提供了有力的法律保障。

当前与博物馆事业相关的法律主要有《中华人民共和国宪法》《中华人民共和国文物保护法》《中华人民共和国教育法》《中华人民共和国科学技术普及法》。

作为国家根本大法的《宪法》第二十二条明文规定："国家发展为人民服务、为社会主义服务的文学艺术事业、新闻广播电视事业、出版发行事业、图书馆博物馆文化馆和其他文化事业，开展群众性的文化活动。国家保护名胜古迹、珍贵文物和其他重要历史文化遗产。"这就为中国博物馆事业的发展提供了法律的根本保障。中国博物馆相关法律、法规、规章都是在此指导下制定实施的。《中华人民共和国文物保护法》是文物博物馆领域的第一部专门法律和包括博物馆在内的整个文化遗产事业建设和发展的基本法律。《中华人民共和国教育法》《中华人民共和国科学技术普及法》与博物馆发展具有一定的关联性。

博物馆行政法规层面主要涉及《事业单位登记管理暂行条例》(第二条、第六条、第七条)、《民办非企业单位登记管理暂行条例》(第二条、第九条、第十条)、《社会团体登记管理条例》(第二条、第九条、第十一条)、《古生物化石保护条例》(第二十条)。

《博物馆条例》于2015年2月9日经国务院令第659号正式发布,自2015年3月20日起施行。这是我国博物馆行业第一个全国性法律文件,是继《文物保护法》和《文物保护条例》之后,文物法治化建设的又一重要里程碑。

《博物馆条例》结合中国博物馆事业发展现实,明确规定了博物馆的性质宗旨、法律地位、权利义务、管理运行、社会服务以及政府责任等。《博物馆条例》的最大亮点是明确大力扶植非国有博物馆的发展,国家公平对待国有博物馆和非国有博物馆。一是对利用或主要利用非国有资产设立的博物馆进行了重新界定,定名为"非国有博物馆",在法律层面明确了非国有博物馆的地位和属性,为其可持续发展创造条件,提供保障。二是在博物馆设立、财税扶持、职称评定等方面,条例赋予非国有博物馆和国有博物馆同等待遇。尤其在博物馆设立方面,简化了前期手续,对非国有博物馆采取备案制管理,为非国有博物馆加快发展保驾护航。三是对博物馆加强规范管理、提升社会服务分别设专章进行严格规定,未区分国有和非国有博物馆,而是采取同等标准,实际上对非国有博物馆的各项业务活动提出了更高要求。

2000年以来,非国有博物馆得到了飞速的发展。据统计,截至2021年底,全国博物馆总数6183家,其中非国有博物馆1989家,占比32.2%。国有博物馆不占优势,但是国有博物馆在辽宁博物馆事业中的主体地位没有动摇,反而是进一步得到强化。同时伴随着非国有博物馆的快速发展,非国有博物馆普遍存在藏品登记、管理制度未完善、经费入不敷出、博物馆法人登记手续不全、赝品比例畸高、展览质量低等问题。因此《博物馆条例》的出台能够有力推动非国有博物馆从"混乱无序、野蛮生长"，到建章立制、规范运行，是赋予非国有博物馆"平等身份"的最大意义。

博物馆在部门规章层面，主要涉及文化部颁布的《博物馆管理办法》、国家文物局制定的《全国博物馆评估办法》《博物馆评估标准》等。

当前博物馆管理重要变化的依据是《中共中央关于全面深化改革若干重大问题的决定》。其中规定需要"全面正确履行政府职能，进一步简政放权，深化行政审批制度改革"。博物馆设立由原来的省级文物主管部门审批调整为省级文物主管部门备案。应该说，博物馆设立要比先前相对容易，这也在很大程度上激发了博物馆事业的发展，但同时给博物馆的规范管理带来难题，因为博物馆管理毕竟已经由博物馆注册前的事前约束变为事后管理。当然，备案同样需要在展品、馆舍、管理人员、资金、展陈等方面具备必要的条件，方能成功。

3. 辽宁省层面博物馆相关政策

近年来，辽宁省博物馆事业快速发展。一是博物馆体系日趋完善。截至 2018 年 12 月底，辽宁省各级各类博物馆总数达到 539 家，稳居全国首位；免费开放博物馆达 430 家，主体多元、结构优化、特色鲜明、富有活力的博物馆体系初步形成①。二是博物馆社会服务和展览水平不断提高。博物馆免费开放，开展"5·18 国际博物馆日"活动，参观博物馆纳入中小学教学计划和旅游推介项目，全省博物馆基本陈列、临时展览数量、社会教育活动数量、全年接待观众人数大幅增长。但是需要看到，辽宁省非国有博物馆发展仍面临很多问题，主要体现在：一是法律地位不明确，政策保障难落实；二是资金保障单一，发展后劲不足；三是馆舍缺乏扶持，发展空间受限；四是专业人才短缺，业务水平不高。

（二）辽宁地区博物馆的主管机构

从行政体系的视角来看，我国的文化管理模式是国家主导型，突出政

① 资料来源：作者根据相关资料整理。

府干预的力量。国家文物局是文化和旅游部下属的二级单位。国家文物局设有博物馆与社会文物司负责具体博物馆事务，包括：主要负责拟订博物馆事业发展规划、博物馆有关人才队伍建设规划、博物馆管理的标准和办法；负责推动完善博物馆公共服务体系建设，拟订博物馆公共资源共享规划并推动实施；指导全国博物馆的业务工作，协调博物馆间的交流与协作；负责博物馆有关审核、审批事务及相关资质资格认定的管理工作；编制博物馆科技、信息化、标准化的规划并推动落实；管理、指导博物馆外事工作。具体工作由博物馆与社会文物司承担。

辽宁省文化和旅游厅下设有辽宁省文物局，具体由博物馆与社会文物处负责辽宁省内博物馆事务，包括：拟定博物馆事业发展规划、政策措施并组织实施和监督检查；管理和指导博物馆外事工作，指导协调博物馆对外合作和交流工作；拟定并组织实施博物馆人才培训规划；指导博物馆的科研工作。

博物馆与社会文物处负责指导辽宁地区博物馆建设与管理，编制博物馆、纪念馆发展规划和年度建设计划并组织实施；统筹博物馆免费开放工作，协调博物馆业务交流和对外展览工作；指导辽宁地区博物馆文化创意产品开发；指导、监督文博场馆安全保卫、消防、技防工作；负责辽宁地区可移动文物保护利用工作；负责各级博物馆、纪念馆文物藏品的登记、调拨、交换、借展、复制、拓印、预防性保护等管理工作；会同有关部门依法管理社会流散文物、文物市场等，指导抢救、征集社会上珍贵流散文物工作；指导文物保护科技、信息化工作，组织实施文物保护科技项目。

分类既是社会科学研究的一个基本原则，也是人类了解、控制事物发展的一种有效方式，因此分类管理理应成为辽宁省博物馆城建设的指导原则和具体措施。如前所述，随着经济社会的快速发展，非传统意义上的行业产业以及企业博物馆大量出现，非国有博物馆也方兴未艾。当然，博物馆的等级差别甚大。同时，综合国力的强势发展和文化强国建设的强化，必然促使文化事业财力投入和政策扶持力度的加大。经过一段时期的快速发展，辽宁省博物馆城建设也面临着由粗放型到内涵式发展的转型，博物馆分类分级的细化管理制度亟待建立。因为博物馆分类分级管理制度有利于管理部门针对不同内容、性质的博物馆制定相应的审批、管理规范化条件，使博物馆工作走上正规化道路，同时也有助于不同级别的博物馆享受相应的优惠政策，优化博物馆城布局，真正实现差异化发展。

在博物馆发展宏观政策方面，辽宁省相关部门需要全面调查研究，广泛听取各个层面的建议，借鉴外地先进办馆经验，然后制定切合本地博物馆事业发展的相关政策。依据《博物馆条例》，对国有博物馆和非国有博物馆采取一视同仁的标准，并在非国有博物馆办馆征地、融资、税费减免以及业务指导等方面给予切实有效的支持。

作为博物馆业务的直接主管部门，辽宁省文物局责无旁贷，需要做实如下主要工作：指导博物馆主办方采用合理技术手段保护历史建筑本体和藏品，以确保永续使用；主持召开博物馆专题研讨会，召集博物馆馆长、博物馆主管领导、文物分管领导以及博物馆领域专家学者，共谋博物馆发展大计；协调国有博物馆与非国有博物馆之间的关系，便于后者学习前者先进的办馆经验，尽快提升办馆水平；积极出面促成博物馆的创设。

需要强调指出的是，在社会力量创设博物馆之前，辽宁省文物局要帮助做好可行性分析。虽然社会力量投资博物馆有利于博物馆事业的发展壮大，但是它们毕竟缺乏办馆经验，并且博物馆发展存在较大的不确定性，设想与实际运行有时出入较大。一旦费时费力费钱建成的博物馆，却陷入举步维艰的境地，就会挫伤社会力量投资博物馆的热情，从而不利于博物馆事业的可持续发展。毕竟这样的事例在国内外屡见不鲜。

为解决博物馆工作人员长期缺编难题，辽宁省人事主管部门应当根据现实需要，积极适度补充国有博物馆的人员编制，并向非国有博物馆提出人员编制建议；同时切实保障非国有博物馆工作人员享有和国有博物馆工作人员同等的职称评定待遇，从而保证非国有博物馆的正常运营。

所谓规范经营博物馆就是主办方在遵守国家相关法律法规的同时，依据博物馆运营的规律行事。只有如此，方能取得满意效果。辽宁是国家级历史文化名城，博物馆的创设与管理也需要遵守名城保护相关法规。

七、辽宁地区博物馆的管理人员

通常状况下，博物馆的日常管理大致是博物馆馆长全面主持博物馆工作，同时博物馆设有开放教育部、研究部、展览部、文物保护管理部、信息资料中心、办公室、保卫部、后勤保障部、产业经营管理部等具体运行部门。当然，不同的博物馆根据自己的需要，相关部门会有所增加或减少。

（一）博物馆馆长

1. 博物馆馆长的作用

作为全面负责博物馆运营管理的工作者，博物馆馆长职责主要有：制订工作计划，召开业务会议；组织职工技术培训，提升博物馆队伍整体素质；开展馆际交流以及与社会的学术交流；宣传博物馆；组织藏品的整理、研究、展览和保护，确保博物馆安全；等等。

因此，博物馆馆长需要具备较高的管理素质，例如，以人（博物馆观众和职工）为本的理念、目标管理意识（博物馆发展的合理定位）、制度管理意识（遵循国家文化遗产相关规定的前提下，制定适合本馆的规章制度）等。其实还有最基本的素质是掌握必要的文化遗产管理知识。看看博物馆馆长办公室内的书橱，究竟有没有或有多少文化遗产相关书籍，就大致知道该馆长的业务知识水平。在当今大家都在努力开展工作的时候，知识毕竟是最终决定胜负的关键性因素。

2. 辽宁地区博物馆馆长的现状

不可否认，辽宁地区博物馆馆长素质水平高低不一，一般说来，国有博物馆，无论是文化部门直接负责的，还是国有企业的博物馆馆长都是经过长期专业历练、上级主管部门斟酌考察之后决定任命的，具有较高的素质。非国有博物馆馆长则大不相同，有私营企业主直接担任馆长、文物藏品所有人直接担任馆长、私营企业主选择合适人选担任馆长等多种情况。

3. 改善办法

其一，博物馆馆长自身加强学习，学习文化遗产管理相关知识，多读书，多浏览相关网站，外出参观管理水平高的博物馆，毕竟他山之石可以攻玉。例如，辽宁省博物馆馆长组织职工 30 余人到辽宁道路交通博物馆参观学习，开展业务交流。

其二，非国有博物馆的创办者或由于精力有限或由于知识不足，不懂博物馆发展经营规律，可以聘请社会上懂管理的文化遗产专业人员担任博物馆馆长，尤其是文化系统退休的博物馆馆长，这些文化遗产管理专家有知识、有人脉，可以使博物馆管理少走很多弯路。

其三，辽宁省文物局、辽宁省博物馆学会可以组织馆长培训班，学习业务管理知识，或外出考察，并且积极鼓励国有博物馆大馆帮助提升非国有博物馆的管理水平。

（二）讲解员

讲解工作是实现博物馆社会服务功能的重要手段，因为讲解员在很大程度上代表着博物馆的形象，讲解水平的高低实际上反映着博物馆运营水平的高低。因此，当前博物馆普遍高度重视讲解员的业务培训工作。

国家相关部门重视博物馆讲解员的培训工作。2011 年 1 月发布的国标《博物馆讲解员资质划分》（GB/T 25600—2010），依据讲解员的从业资历、专业能力和业绩，依次划分为初级、中级、高级和特级。初级讲解员资历和专业技能要求相对较低，基本可以归属于专职讲解员；中高级讲解员需要具备一定的知识储备和踏实的业务能力，可以视为专业讲解员；特级讲解员需要具备丰富的讲解经验以及较深的博物馆理论研究能力，基本可以称为专家型讲解员。这实际上指明了博物馆讲解员由专职到专业再到专家的发展路径。

一般说来，业内公认的优秀讲解员具备的基本素质主要有语言规范、吐字清晰、面带微笑、声情并茂、肢体语言协调优美、仪容仪表大方得体等。这就是说博物馆在招聘讲解员时，首先需要考量这些方面。进入博物馆系统之后，讲解员可以继续提升自身素质。

（三）专业技术人员

1. 专业技术人员的作用

相对充足的专业技术人员是实现博物馆社会功能的必要条件之一，博物馆藏品的鉴定、保护、布展等都具有较强的专业性，需要一定数量的博物馆相关专业的人员的积极参与。专业技术人员的不足将会产生不利的结果。例如，展览阐述文字不严谨、不专业甚至出现常识性错误，藏品真伪并存，有损博物馆的社会公共文化形象。博物馆的科研工作具有多重功能。对博物馆而言，能够提高博物馆藏品的保护与展示水平，强化博物馆的社会影响力。对博物馆专业技术人员而言，开展科研活动可以提升自身业务素质。

国家文物局在《关于民办博物馆设立的指导意见》中明确提出，非国有博物馆必须有与办馆宗旨符合、与办馆规模相适应的专业技术人员不应少于6人，并且专职人员占60%以上，且专职人员60%以上具有大专以上学历。而当前的实际状况是备案博物馆和未备案博物馆的专业技术人员的素质和数量差异较大，国有博物馆和非国有博物馆的差异也很大。

2. 辽宁地区博物馆专业技术人员的现状

辽宁的非国有博物馆不同程度地存在专业技术人员不足的状况。其原因主要有：一是限于财政支出压力，博物馆尽量减少聘用博物馆工作人员数量，以降低财政支出；二是非国有博物馆专业技术人员在职称晋升等方面难度要比国有博物馆大，工作环境较差；三是有些非国有博物馆的专业技术人员由经营人员兼任，很难发挥专业技能。目前辽宁非国有博物馆所聘人员多为艺术类专业毕业生，基本没有文保专业人才，而展品的规范建档与摆放需要文保专业技术人员的积极参与。

不可否认，博物馆以藏品为根基向社会开展文化传播，因此文化传播的物质基础，也就是藏品研究是博物馆科学研究的重要内容。

藏品研究的首要问题是辨明真伪。藏品研究可以为收藏与保护提供科学客观的根据，改善藏品的环境，建立真实客观的藏品档案。不可否认，大多数辽宁地区博物馆目前仅仅停留在收集、整理和展示藏品阶段，而对藏品展开实质性科学研究可以说是纸上谈兵。可见辽宁博物馆建设人才问题亟待解决，管理体制有待理顺。

尽快健全文物保护机构，成立县级文物局。客观地讲，目前的文物管理体制存在一定的弊端，有待理顺。博物馆的本职工作是保护、展示馆藏可移动文物，但是辽宁县级市的博物馆现在却负责该县级市所有可移动文物和不可移动文物的保护工作，压力巨大。其实这种状况在全国各地普遍存在。一方面，博物馆的本职工作，即可移动文物保护、展示工作做不好；另一方面，博物馆工作人员又认为不可移动文物，尤其是古遗址、古墓葬的保护工作不是自己的分内之事，工作的积极性和效率也不会太高，客观又造成了古遗址保护工作的被动局面。

3. 解决办法

当下，辽宁地区博物馆专业技术人员短缺的具体解决方法主要有：一是辽宁省文化遗产主管部门要切实采取措施，实现国有博物馆和非国有博物馆职称评审同等对待；二是辽宁省政府要适当对非国有博物馆实行财政补贴；三是现有的博物馆专业技术人员要采取多种措施积极充电，提升自身业务水平；四是可以向高校相关专业的师生招录博物馆志愿者，及时充实专业技术人员；五是学习充电，深挖单位潜力，适当调岗补充专业技术力量。

八、辽宁地区博物馆经济收入

虽然博物馆运营不能以营利为目的，但现实生活中，博物馆陷入举步维艰的困境，绝大多数与博物馆经济状况的恶化有关，因此需要高度重视博物馆的经济状况。

（一）辽宁地区博物馆的经济收入现状

伴随着经济在社会发展中作用的日渐加重，博物馆作为社会存在事物，其盈利问题无法回避。尤其是 1978 年以来，中国社会由传统向现代急速转型，社会主义市场经济体制逐步建立和完善，经济在社会中扮演的角色越来越重要，因此，博物馆通过正常的经营活动获得收益无可厚非。尤其是在发展成为中国各地执政第一要务的时候，如果城市博物馆能够间接乃至直接促进当地经济的发展，这肯定是有益的事情。但是，博物馆一味突出对利润的追逐，显然与博物馆作为社会公共文化空间的性质定位是不相宜的。同样，把博物馆的经营行为等同于盈利也是错误的。所以，就博物馆经济收入问题而言，目前博物馆界公认的标准是博物馆应该鼓励符合自身宗旨的经营性活动，但是获取相关收益不应当成为博物馆谋求的目标。这充分彰显了博物馆事业服务社会的宗旨。因此，博物馆应当兼顾社会发展、遗产保护、经济效益、社会效益，追求这几者的完美结合。

现实状况表明，无论是中外博物馆，还是国有与非国有博物馆，博物馆的经费短缺是多数博物馆普遍面临的难题，只是困难程度和具体表现不同而已。众所周知，博物馆建馆往往需要巨额资金。随着经济社会的快速发展，文化在社会发展中的作用日益凸显，居民的文化需求不断增长，国家层面对博物馆事业发展支持力度进一步加大，各级政府、军队、国有企业、私营企业、个人等社会各个层面投资建设和经营博物馆的热情和行动也随之升温。

国有博物馆一般由各级政府和国有企业直接投资。各级政府具有投资、规划和建设国有博物馆的义务，同时博物馆的数量与社会服务质量也是考量当地政府是否重视文教事业以及文教事业发展程度的重要指标。因此，各级政府纷纷把建设博物馆作为重要工作事务。

博物馆运营方出于多重考虑，例如，盼望政府给予财政补助，不愿社会各界获得博物馆经营的真实状况等，对博物馆经济收入问题大多保持缄默，更多的只是叫苦连天，所以笔者也很难搜集到大量客观真实的相关数据。但是，我们仍然可以从一些数据中略见一斑。

政府需要加大对博物馆财政支持力度。新颁布施行的《博物馆条例》明确了国家对博物馆的扶持政策。《博物馆条例》第二条第三款规定：国家在博物馆财税扶持政策等方面，公平对待国有和非国有博物馆。第五条第二款规定：国家鼓励设立公益性基金为博物馆提供经费，鼓励博物馆多渠道筹措资金促进自身发展。第六条规定：博物馆依法享受税收优惠。第三十三条规定：县级以上人民政府应当对向公众免费开放的博物馆给予必要的经费支持。

（二）多方筹集资金，推动博物馆发展

1. 政府适度补助

政府政策扶持甚至直接出资建设博物馆需要慎重考虑。例如，对于工业遗址类博物馆，如果企业经营状况较好，重视文化建设，文化遗产保护与利用有利于企业的发展与壮大，同时还可以帮助企业获得较好的社会效益和经济效益。在这种情况下，政府完全可以在博物馆建设方针方面予以指导，不用直接投资，可以会同文化旅游主管部门、文化遗产主管部门、城市规划主管部门等相关部门对其进行专业性指导，必要时鼓励其积极申报相关等级的文物保护单位和旅游荣誉称号。相反，如果企业经营效益不太好，对文化遗产保护有心无力，同时，改建为遗址类博物馆经济效益也不太佳，而博物馆又是属于专业类博物馆，观众数量估计不会太大，在这种情况下，政府必须及时出手帮助，甚至直接投资。只有这样，城市博物馆才有可能建立、发展。

2. 强化造血功能

对于博物馆而言，争取政府的财政支持是对的，但是不能依靠政府财政。国外基金会的运作模式需要诸多配套条件，在当下的中国也很难一步到位。因此，强化自身的造血功能成为当下博物馆缓解财政困难的可行之路。博物馆需要形成以博物馆为中心的文化产业链，方能产生稳定、持续的经济和社会效益。做博物馆起点要高，立意要新，同时考虑

发展旅游展览教育产业。既考虑收益，同时商业化氛围不能太浓，淡化反而可以盈利。

九、辽宁地区博物馆理事会制度建设

说到博物馆管理制度，我们无法回避博物馆理事会制度，因为博物馆理事会制度是世界博物馆行业管理运行相对成熟的制度，也是近些年来中国政府大力倡导的现代科学管理方法，同时，辽宁省文化遗产主管部门响应上级号召，积极推行博物馆建设理事会制度。因此，辽宁地区博物馆也应当顺应世界潮流，积极推进实施博物馆理事会制度，切实提升自身管理水平，从而更好地为社会服务。

（一）博物馆理事会制度在西方的成熟运作

博物馆理事会制度来自西方国家，并且运行相对成熟。通常说来，博物馆理事会作为管理组织，至少由三个理事组成，采用集体负责制的方式，执行博物馆的最高领导决策权。其具体职能主要包括对内和对外两个方面。对内主要决定博物馆的宗旨和目标，发展政策和规划，选择、任免、监督、评估理事和高级管理层，审核工作和财政预结算报告；对外要积极联络社会，筹集博物馆发展所需资金，找寻合作伙伴，提升自身公共形象，维护与社会各个层面的良好关系。博物馆日常管理则实施理事会主导下的馆长负责制。馆长由理事会选择、任命，负责日常事务。

博物馆理事会制度在美国有着广泛的运用。美国号称世界博物馆大国，2010年拥有17000余家博物馆。私立博物馆数量是公立博物馆的2倍多。无论公立还是私立博物馆只要经过州政府注册成功后，就成为实际的公有公营的非营利性公共组织。私立博物馆的藏品所有权也就从创办者转至博物馆。美国的唯一国立博物馆系统史密森尼研究院（Smithsonian Institution）和最著名的私立博物馆纽约的大都会艺术博物馆（Metropolitan Museum of Art）拥有典型的运转良好的理事会。

因为博物馆理事会代表着社会公共利益，故而成员具有广泛的社会代表性。这也反映出博物馆的公共文化团体性质。美国的博物馆经费主要依靠自行筹集，所以理事会担负着保障博物馆经济正常运行的任务。理事会制度确保了美国成为世界博物馆第一大国，主要原因有两个，一是科学管理，二是筹集办馆资金。

（二）博物馆理事会制度在中国推行的可能性

中国的国有博物馆和非国有博物馆在推行理事会制度方面大不相同。国有博物馆一般有上级主管部门，上级主管部门拥有任命馆长的权力。如果采用折中的方案，馆长由理事会提名，再由上级主管部门任命，则很难做到。这样会缩小上级主管部门的权力，理事会也可能沦为咨询机构而失去存在的实际意义。国有博物馆主要依靠政府财政拨款，社会筹款压力较小。理事会成员可以吸收文博专家、政府官员和社会名流，共同做好博物馆的管理工作。当然，如果从社会筹集到一定数量的资金，可以由理事会掌控，并用于博物馆事业。

相反，非国有博物馆则可以真正利用好博物馆理事会制度。非国有博物馆面临巨大的办馆资金压力，正好利用理事会制度吸纳社会有财力并且热心博物馆事业的人士做理事，达到社会筹资目的。实施理事会制度能够尽量避免非国有博物馆家庭式经营。非国有博物馆同样是公益性文化机构，这是其核心属性，"非国有博物馆虽然在资源获取和管理体制上有别于国有博物馆，但不等同于私有财产"①。非国有博物馆一旦注册成立，私人的藏品就成为以博物馆法人财产为表现形式的公共收藏，其运作要避免家庭模式，要与收藏者或主办者私有财产分割开来。众多家族外的理事参与博物馆管理事务，能够淡化乃至彻底扭转家族式经营的局面。实施理事会制度可以吸纳社会文博专家参与博物馆管理，从而真正有效提升非国有博物馆的管理水平。

---

① 苏州博物馆. 苏州文博论丛［M］. 北京：文物出版社，2011.

（三）中国博物馆主管部门针对博物馆实施理事会制度的态度

博物馆实行理事会制度是大势所趋。近些年，国家层面鼓励并积极推动博物馆完善法人治理结构，建立理事会制度。2008 年，中国共产党中央委员会宣传部《关于全国博物馆、纪念馆免费开放的通知》要求建立"政府主导、法律规范、社会参与的博物馆管理体系"，即在政府的支持下，社会各界依据法律规定，积极参与博物馆管理，走社会共同参与治理博物馆的道路。2010 年，《关于进一步做好公共博物馆纪念馆免费开放工作的意见》明确指出，"要积极探索完善法人治理结构，逐步实行理事会决策、馆长负责的管理运行机制"。这实际上明确提出中国博物馆需要实施理事会制度。2013 年，会议指出，要"明确不同文化事业单位功能定位，建立法人治理结构，完善绩效考核机制。推动公共图书馆、博物馆、文化馆、科技馆等组建理事会，吸纳有关方面代表、专业人士、各界群众参与管理"。这是在会上公开提出实施博物馆在内的理事会制度。2015 年新施行的《博物馆条例》也明确要求"博物馆应当完善法人治理结构，建立健全有关组织管理制度"。这是国务院、国家文物局对博物馆事业未来发展方向的明确指示，需要各地积极跟进，切实实施博物馆理事会制度。其目的就是摆脱过去相当于机关的管理模式和评价体系的束缚，逐步建立政府主导、法律规范、社会参与的现代博物馆管理体系。以往通常的管理模式产生于控制人财物的计划经济时代，施行对上负责的馆长负责制；由于人财权归上级机关，容易导致行政化管理倾向，衍生出决策服务不能满足社会需求的问题。由此可见，建立完善、合理、科学的理事会制度是我国博物馆事业的未来发展方向。

当前国内的博物馆理事会制度主要有三种形式，一是理事会是单一机构，负责行使决策和监督权，由管理层负责执行，如湖南省博物馆、广东省博物馆、云南省博物馆、河南省博物馆等；二是设立理事会和监事会，理事会决策，监事会监督，管理层执行，如青海省博物馆；三是理事会、管理层和学术委员会三位一体运行，如中国港口博物馆。建议对重点问题加强重视、深入调研、顶层设计，包括机构权力分配与组成、成员资格、选举办法、议事规则，理事会与管理机构的关系、与以馆长为首的管理层的关系等。

（四）辽宁地区博物馆实施理事会制度的初步构想

1. 提高实施博物馆理事会制度认识

制度能够保障博物馆的健康有序发展，推动博物馆的科学管理和良性循环，从而实现博物馆服务社会的初衷。现在看来，最为理想的博物馆管理制度就是建立理事会制度，因为它符合文化体制改革去行政化的趋向，符合民主科学决策的原则，契合博物馆公共文化组织的本质要求，有利于博物馆走向社会，减少以往种种不必要的束缚，真正实现自主决策、自主发展、自主管理和自我约束，充分调动积极性，实现权、责、利高度统一和清晰的现代管理制度。这同时也是辽宁博物馆与世界博物馆行业接轨的要求。

2. 选准突破口，切忌一哄而上

客观地讲，理事会制度对于大多数辽宁地区博物馆而言，还是新鲜事物。大家没有真正了解和接受理事会制度。人们做事往往有从众心理，政府大力提倡时往往会产生一哄而上、不讲实效的现象。好制度不能真正发挥效用，就不如直接放弃。

在国有博物馆和非国有博物馆之间，同等条件下，优先选择非国有博物馆进行试点。因为理事会制度能够帮助非国有博物馆管理者解决人手不足、财力缺失、业务知识匮乏的难题。同时，要打消家族式经营管理层的顾虑。理事会制度建立没有削弱个人乃至家族对博物馆的控制权，相反是确保了博物馆的科学、健康、持续发展。

可以选择相对特殊行业的博物馆进行理事会制度试点。中国海军博物馆就是一个好的试点单位。据笔者了解，中国海军博物馆作为中国唯一展示中国海军发展历程的专业博物馆，隶属于北海舰队。由于军队管理体制的原因，博物馆相关事务需要层层上报，耽搁时间，效率低。2013 年，中

国海军博物馆由于多种原因，已经由国家一级馆降为国家二级馆。同时，中国海军博物馆处于展馆扩建的关键时期。目前看，切实可行的办法就是实施博物馆理事会制度，促进博物馆决策的科学化、民主化和高效化，从而真正确保中国海军博物馆的顺利建设和发展。

社会各方要积极配合，按照理事会制度规范做事，确保博物馆理事会制度的顺利实施。博物馆理事会制度的建立实际上是对博物馆传统管理模式的重大改革，这必然关联到权力的再分配。搞不好改革就会无疾而终。博物馆上级主管部门要适当让出部分权力，原来博物馆馆长的任命权完全掌控在上级主管部门，现在有变化，馆长人选可由理事会提出，再由博物馆上级主管部门任命。博物馆上级主管部门需要对权力缩小有充分的思想准备。社会各界、专业人士和各界群众的代表进入理事会，参与博物馆的决策，也不是就可以为所欲为，需要遵循理事会相关规定，为博物馆的发展建言献策。

我们要切记博物馆理事会制度不能流于形式，只有架子，而没有实效。理事要有广泛性、重点性。理事长、理事要切实履行自己的职责，定期召开大会，民主决策，避免"一言堂"的出现。

3. 积极借鉴外地乃至国外博物馆理事会制度实施的先进经验

理事会制度对于辽宁地区博物馆还可以算作是新鲜事物，但是放眼国内外已经有很多成功范例了。例如，上海科技馆已建立理事会十余年，由市领导担任理事长，市科委、教育局、财政局等单位负责人及科技馆馆长担任理事。科技馆与上级的沟通渠道畅通无阻，重要项目能够得到快速有效决策，推动博物馆快速发展。另外，如前所述，国外很多国家博物馆机构都设立了理事会，如美国史密森尼学会、大都会艺术博物馆。英国1963年通过的《大英博物馆法》也明确规定"大英博物馆理事会"为大英博物馆的法人团体，拥有管理权。法国博物馆中同样建有董事会机构。这些理事会制度已有上百年的历史，在推动博物馆事业发展上作用明显，其成功经验值得我们借鉴。

第二节　辽宁地区博物馆的社会服务

博物馆社会服务能力是博物馆核心竞争力的重要体现，也是完成自身宗旨的根本手段。博物馆藏品的征集与整理是博物馆开展社会服务的重要前提。博物馆展览就是按照一定思路，紧密结合博物馆藏品自身开展的系统性的展示，力图达到寓乐于教的效果。博物馆创意产品的开发与销售可以实现观众把博物馆带回家的梦想。博物馆如果与文化旅游有效结合，也就实现了立足社区、服务城市发展的初衷，从而赋予了博物馆真正的生命力。

一、辽宁地区博物馆的展览

博物馆展览通常是指在特定的时间和空间内，依据主题次序，利用文物、标本以及辅助展品的有机联合，开展直观教育，传播文化信息的活动。博物馆展览对于博物馆的做强做大，吸引更多的社会公众来博物馆找寻知识的乐趣，颐养性情而言，非常重要，同时也是博物馆人实现自己社会价值的重要路径。

（一）博物馆展览的相关规定

展览是博物馆服务的重要手段。国家文物局对展览主题、内容作出以下明确规定。

一是加强对展览的管理，实行备案制。《博物馆条例》第三十一条规定：博物馆举办陈列展览的，应当在陈列展览开始 10 个工作日前，将陈列展览主题、展品说明、讲解词等向陈列展览举办地的文物主管部门或者其他有关部门备案。这强化了博物馆的属地管理责任。

二是加强展览主题与内容的监管。《博物馆条例》第三十条规定，博物馆举办陈列展览，应当遵守下列规定：主题和内容应当符合宪法所确定的基本原则和维护国家安全与民族团结、弘扬爱国主义、倡导科学精神、普及科学知识、传播优秀文化、培养良好风尚、促进社会和谐、推动社会文明进步的要求；与办馆宗旨相适应，突出藏品特色；运用适当的技术、材料、工艺和表现手法，达到形式与内容的和谐统一。

三是《博物馆条例》对展览中的原件和复印件的具体使用作出明确规定。第三十一条第四款指出："展品以原件为主，使用复制品、仿制品应当明示。"有些博物馆为提升自身档次，使用复印件却没有用文字加以说明，结果复印件起到了以假乱真的效果，误导了观众。博物馆应当明确表明原件现在藏于何处，此为复印件。博物馆应采用多种形式提供科学、准确、生动的文字说明和讲解服务。陈列展览的主题和内容不适宜未成年人的，博物馆不得接纳未成年人。

2012 年国家文物局发布的《关于加强博物馆陈列展览工作的意见》指出，"行业类博物馆和非国有博物馆的陈列展览，要面向广大公众，从较为单一的行业发展历史、企业文化、个人收藏展示，提炼升华为表现中华文明和人类文明相关领域的共同成果和价值共识"，力求从"小我"看"大我"。

2015 年国家文物局发布的《关于提升博物馆陈列展览质量的指导意见》进一步提出：要积极策划主题性陈列展览，鼓励各地各级博物馆依托丰富的文物资源，深入挖掘优秀传统文化的思想内涵，策划出一系列具有鲜明教育作用、彰显社会主义核心价值观的主题展览，讲好中国故事；同时要加强博物馆学术研究，明确博物馆研究的公众服务目标功能，夯实原创性陈列展览的学术基础。

业内将博物馆展览大致分为基本展陈、临时展陈和特别展陈三类。基本展陈是博物馆开展文化传播、教育的基础，是博物馆实力的表征，展览时间较长，是充分展现博物馆业务管理水平的窗口。临时展陈和流动展陈则是基本陈列的有效补充。

（二）辽宁地区博物馆展览的现状

当前，辽宁地区博物馆展陈整体状况良好，但是也存在一些不尽如人意的现象，需要引起博物馆经营方和社会有关部门的高度重视，逐步予以改善。

博物馆基本展陈的选择需要密切结合馆藏文物展开，也就是基本陈列选题要综合考虑博物馆的地域、类型特点、理念、馆藏特色、社会文化环境、学科学术等要素，尤其要深刻研究文物藏品。

但是，辽宁地区的博物馆基本陈列也存在问题。辽宁省博物馆主管行政部门没有把好关，没能用制度和规则来规范该地区博物馆的日常经营活动。且专题展览受限于展品过少，往往难以成展，此时可以开展复合展览。媒体宣传时机需要把握好。主管领导的意图是主要领导参观之后，再由新闻媒体展开报告。但新闻媒体报道的习惯是在展览开展当天或者是开展前几天事先报道。所以，博物馆人以及博物馆主管领导需要把握新闻媒体的报道习惯，争取扩大宣传。

（三）辽宁地区博物馆展览质量提升路径

1. 博物馆展陈首先需要有实物，然后是针对实物展开的文化研究

没有实物，只有图片无疑使展陈吸引力明显不足。有了实物，更需要对实物做出令人信服的，合理、科学、生动的文化阐释，以加大社会公众对事物的理解深度。

2. 选好展题

博物馆展览策划的目的是使展览活动具有轰动性、影响力、趣味性，吸引社会公众走进博物馆，热爱博物馆，传播博物馆文化，服务于社会发展，满足社会公众的知识需求和文化需要。

一个好的展览选题能够收到事半功倍的效果。好的选题可以为展览打下坚实的基础。首先，需要对来自观众和社会的文化需求及热点进行调查研究，紧跟时代发展，顺应历史发展的潮流；其次，必须符合本馆的馆藏

特色，以本馆的文物收藏为基础，否则就失去了博物馆特色。博物馆的展陈设计一定要合理定位。博物馆展陈需要紧密围绕博物馆主题特色。

3. 多种展示手段的灵活运用

展示手段大致包括文字、复印件、实物、照片、地图、图表、声光电多媒体等。声、光、电是现代博物馆常用的表现手段，可以有效增加博物馆的科技性与趣味性，但其表现形式有两大明显不足：一是经济投入大，如现在流行的场景还原、5D 电影、VR 技术等，除基本的硬件投入外，影片的制作费一般按秒计算，市场价 1000~3000 元不等，且后期维护成本也较高；二是科技虽然发展快，但过时也快。现在看来很高端的手段，两三年后再看就有过时之感而成为鸡肋。因此，博物馆展示手段确定了"经典即永恒"的方向，适度运用声、光、电，更多的还是运用传统的展板配实物的展陈手段。

博物馆文字阐释一定要规范，要掂酌，例如，参观辽宁山炮台遗址展览馆的结论是珍爱和平，是比较合适的。毕竟，有关侵略的博物馆展览需要慎重考量。博物馆界对此越来越高度重视。国际博物馆协会 2017 年国际博物馆日的主题确定为"博物馆与有争议的历史：博物馆讲述难以言说的历史"。主题关注博物馆所发挥的社会作用：博物馆努力造福社会，致力于成为促进人类和谐共处的重要场所。该主题同时强调，接纳具有争议的过去是走向和解、畅想共同未来的第一步。2017 年国际博物馆日围绕该主题，探讨如何理解那些令人难以接受的历史事实，因为这些历史往往伴随人类历史发展的进程。同时，这一主题鼓励博物馆发挥积极作用，主动参与调解，并提供多元视角促进历史伤痛的愈合。国际博物馆协会邀请世界各类文化机构加入 2017 年国际博物馆日的庆祝活动，希望人们通过这一活动摈弃成见，增进理解，共同畅想未来。

4. 展览空间的合理设计

博物馆展陈设计的目的是使参观者在有限的时间和空间内有效地接收展览传递的主题信息，所以博物馆展陈空间规划设计要合理。展陈空间要综合运用时间、立体空间、平面、实物、图片等元素，通过特定空间有序组合，其间加以实物、图片、音频设备等多种手段，在有序、线路明确的流动中传递主题信息，产生效应，使参观者从中获得精神和知识收益。展陈空间设计的基本要求包括以下几个。

在功能方面，突出展陈内容，烘托主题，满足陈列、演示和交流需求，合理组合利用各功能空间。

在心理方面，通过展陈形式，灯光照明、色彩设计表达博物馆主题文化内涵，符合参观者心理。整齐的建筑表现为静态，传递庄严、肃穆的心理感受；穿插和交错空间构造表现为动态，传递活跃、轻松心理感受。

在效益方面，充分利用，高效经济。

在审美方面，具有空间的形象感、节奏感和形式美感。博物馆空间大致分为室内空间和室外空间。

室外空间需要考虑博物馆外部设施与博物馆主题的一致性，使参观者进入博物馆区域外部环境时，其注意力和思维被博物馆氛围所感染，从而产生进入博物馆的欲望。具备博物馆常识的经营者会努力考虑和解决这个问题。博物馆外围的实物应与博物馆主题一致，如陶瓷艺术博物馆摆放巨大的陶瓷制品，西洋艺术博物馆摆放大卫（David）或维纳斯（Venus）雕塑，海洋民俗博物馆摆放巨大的船体，等等。博物馆外围的色调也应与博物馆主题高度一致，例如蓝色象征海洋博物馆等。还要考虑博物馆馆舍与周边建筑的和谐性、建筑形式与陈列形式的和谐性、建筑空间与展陈功能的和谐性。博物馆馆舍入口需要有博物馆的名牌。同时需要有博物馆所在地的路名以及号码，并需要醒目且与博物馆主题协调。

博物馆内部空间可以进一步细化为展陈空间、公共空间和辅助空间。展陈空间是展品实际占用空间，是博物馆内部空间的关键部分，需要运用网络、影视、灯光、音响、电子等现代化信息手段，通过实物、图文、模型和资料的有机组合向参观者传递展陈信息。公共空间主要包括通道空间（公共通道、残疾人专用通道、楼梯等）和休息空间（参观者等候、交流空间）。通道空间要求保证参观者安全通行，休息空间设在展区之间的衔接处，要求舒适、安全和灵活，亦可营造出博物馆的节奏感与层次变化。

辅助空间包括接待空间、工作人员空间、储藏空间。

展陈空间规划设计需要合理确定参观流线。展陈设计空间采取流动的、序列化、有节奏感的展陈形式。参观者尽可能不走或少走重复线路：进入展厅之后，一般是从左开始，旋转至右边收尾。博物馆设计必须仔细考虑客流量。例如，辽宁省博物馆属于综合类博物馆，参观者始终不温不火。而有些以旅游功能为主的博物馆，属于潮汐类博物馆，必须按照每小时最大人流量加以设计。

馆舍实物展示一般有三种情况。第一种为俯视。实物一般在展柜内，体积较小且精致，需要靠近才能观赏、体味。展柜内最好有灯光。第二种为平视。实物挂在墙上，略高于170厘米平均身高的视线为好。第三种为仰视。参观者一般需要观察整个物体，实物需要有整体感或立体感。展品的标示牌一般需要标明产地、名称、年代、用途、用材、价值等，以简略为宜。展牌大小应该一致，以简洁清楚为宜。实物前面应该有防护措施，以免参观者过度靠近造成伤害。展室内应注意平面与立体的有机结合，以使参观者视野、心理舒服为宜。博物馆布展及整体设计需要经常换位思考，要站在参观者尤其是首次来馆参观者的角度，仔细思考如何便于参观及接受文化教育。

博物馆首要的问题是安全。当突然停电或自然灾害来临时，参观者如何迅速安全撤离？地面一定要防滑，有导向路标、应急灯（用于晚上参观），有善意提醒的标志。一定要有安防、消防设施。防火器需要放在显眼，易于获取处，以体现人文关怀。监控一定安在关键部位，且馆舍内外都应安装。

博物馆需要培育契合主题的氛围。例如，欧洲艺术博物馆的氛围应该是典雅、幽静、轻松的，令人仿佛进入欧陆。需要有怀旧、生活化的气息，防止急促、激烈、血腥的氛围。要诱导参观者充分调动嗅觉、味觉、视觉、听觉来体验、体味、体认、体察、体会西方文化。根据博物馆的氛围选择乐曲，同时根据天气、季节、上下午、参观对象等具体分类选择乐曲，实现分众化服务，并使音量适中。适当配有视频资料，并以宣扬欧洲地理、人文历史内容为主。可以使用中西文化交流图片，同时展现世界各国政府对博物馆的重视，证实本馆存在的合理性。针对西方文化的表征是什么，其精神实质又是什么，本馆需要调动各种手段阐明或诱导参观者获得真知。门厅应当有200字的序言，具体介绍本馆的整体状况。门厅的地面应当绘制欧洲地图，并可以用欧洲语言展示，以勾起观众的兴趣。其实，博物馆并非必须让参观者全部看懂，适当保留神秘感反而增加博物馆的吸引力。博物馆的意义重在知识普及，很多博物馆的价值不在于展示知识的高深，而在于向公众讲故事，普及相关知识。博物馆要重在讲述实物与人的关系，要通过实物来反映人类的进步和社会的变迁。从平面到立体空间，博物馆一定要关注任何区域的细节，在细微之处彰显文化品位，总体以干净、整洁、合理、理性为准则。博物馆需要有合理的参观线路，保证其通畅、安全，尽量不使参观者走回头路，同时需要有路线指示。整个博物馆展示需要有节奏感或者是韵律感，起起伏伏，高潮低谷相间。展室的实物数量一定要适中，尽可能做到多一件拥挤，少一件略显空荡。留出空间也就是留出参观者的思考余地。辽宁西文欧洲艺术博物馆的家具、明信片、陶瓷、邮票展览易于使人陷入沉静，动感元素如钟表运行、视频播放、音乐响起必须要有。

布置展陈一定要具有权威性，不能出现知识性错误，例如，辽宁德国总督楼旧址博物馆的辽宁里院建筑展览就是与辽宁城市建设档案馆合作，采用第一手资料并由专家把关，因此质量自然过关。

办馆形式多样化，强化吸引力。博物馆体验需要精心设计和灵活考虑。博物馆需要高度重视体验，让观众通过动手真实体验博物馆文化特色。博物馆体验项目的丰富度与深刻度真正体现了博物馆的办馆水平，可以让博物馆真正火起来。

博物馆的设计一定要灵活，有趣味性，有助于向参观者讲故事。墙面、地面安置导览指示箭头，可加注提示语、警示语。保有数量适宜的消防器材置于客厅，保证人身安全第一位。博物馆是传播知识的机构，那么观众是否必须完全读懂博物馆，还是博物馆要适度保持神秘感？或者说就是要有观众不知道的知识，以便激发观众的好奇心？展示的角度非常重要。展馆的实际状况需要巧妙利用，既不能显得空空荡荡，也不能过于紧凑。博物馆展示的中间部分一定不能出现空白，否则会显得过于空荡，影响展览效果。

在建筑设计中应处理好硬件建设与软件完善的关系。依据《博物馆建筑设计规范》，硬件建设要量体裁衣，尽显特色，一定要根据自身品类，突出特色，在建筑的外形设计与内部功能的实用性上做最大统一，既美观大方又经济实用。其实，一个成功的博物馆不在于其面积大小、装修的豪华程度，而是取决于它是否有自己的建筑风格、空间设计的人性化程度以及其藏品资源利用所产生的吸引力和影响力。首先，要考虑到提前规划与现场实施的关系问题，对烘托镇馆之宝（文物、雕塑）的空间场景最好是量身定做。其次，要考虑智慧博物馆数字化建设的需要而提前规划设计，实现"互联网＋"。最后，要强化博物馆的文化休闲功能，打造有益于观众身心健康的"心灵栖息地"。博物馆服务功能的核心体现在"以人为本"意识的确立，在硬件建设如内部空间和室外庭院的规划设计中要讲究易达性和舒适度；同时要重视并相应搞好软件建设，根据观众的实际需求，完善服务设施，如要设置参观路线、采光通风、休息餐饮、无障碍通道、知识咨询（触摸屏）、语音导览、视频播放和参与互动等场所和设施，创造温馨愉悦的文化氛围和参观环境，增强自身接待和服务能力。如果不能一步到位，也应提前规划和设计预留，以便分步实施，逐渐完善。开展针对不同层面人群的讲解，提高观众满意度。

细节决定成败。博物馆的知识性、趣味性、特色性、关怀性是取胜法宝，需要仔细研究。

二、辽宁地区博物馆的文创产品

文化产业是在经济全球化背景下产生的，强调借助技术、创意和产业化的方式开发与营销文化要素。文化产业在我国"十三五"规划建议中被列为国民经济的支柱型产业。博物馆是收藏、保护、研究、展示人类及人类环境中的物质与非物质遗产的常设机构，其文创产品开发纳入我国文化产业分类中无可争议。

（一）对博物馆文创产品开发重要性的体认

客观地讲，博物馆文创产品开发是推动文化遗产科学保护与合理适度利用的有效途径之一。2016 年 4 月，习近平总书记强调要切实加大文物保护力度，推进文物合理适度利用，使文物保护成果更多惠及人民群众①。博物馆文创产品来源于文化遗产，虽游离于文化遗产本体之外，却带有文化遗产的重要印痕，始终承载着文化遗产的精髓。人们在欣赏、使用文创产品时，无疑也是在保护文化遗产本体，同时又在享受文化遗产本身带来的物质和精神价值。由此看来，博物馆文创产品确实能够充分满足人们的多样化消费需求，传播和普及文化遗产理念。

博物馆文创产品有助于弘扬中华优秀传统文化。受益于历史悠久的中华文明，我国博物馆馆藏的文物数量巨大，品类繁多。文物部门相关统计结果表明，我国文物系统的博物馆拥有藏品数量已经超过 3000 万件（套），非国有博物馆等也都收藏有大量珍贵的文物。上述藏品绝大多数都是中华民族数千年来生产生活创造的物质和精神财富，蕴含古老东方民族独特的生存智慧和哲学运思。我们立足博物馆馆藏文化资源，通过开发种类繁多和品味雅俗共赏的文创产品，能够弘扬我国优秀传统文化，展示人类文化多样性，强化民族自信心和自豪感，深入宣传中国梦和社会主义核心价值观。同时，我国传统文化来源于农耕文明，是中华文明源远流长的根本性支撑因素。现代社会存在传统创造性转化和创新性发展的难题。博物馆文化创意产品开发本身就是在依托中国传统文化，探索适应现代时尚生活的路径，因此对促使传统文化与当代文化相适应、与现代社会相和

---

① 人民政协网．习近平：切实加大文物保护力度　推进文物合理适度利用［EB/OL］．［2016-04-12］．https://www.rmzxb.com.cn/c/2016-04-12/763317.shtml.

谐，推陈出新，以文化人，无疑具有重要价值。

博物馆文创产品是实现中华文明走出国门的重要载体。文化大多需要占有一定的时间与空间，借助载体实现传播。近代列强船坚炮利裹挟文化强势传播的模式早就成为明日黄花。在当下的世界里，文化的传播主要是依靠自身魅力的软性传播。理想中的文化传播载体是生动的、灵巧的、动感的、精致的、实用的。做好博物馆文创产品的自创性工作，注重中国制造，运用中国智慧，讲好中国故事是巧妙实现中华文明走向世界、提升国家文化软实力的重要途径。

博物馆文创产品还是博物馆强化社会服务能力、提高服务水准和夯实服务内涵的重要法宝。文创产品的销售本身就是在推介博物馆和展览。例如，公众看到文创产品印有博物馆的符号，不禁勾起对博物馆的回忆。博物馆是固定的场所，不管距离观众相对固定的住所或者是工作场所或近或远。博物馆展品更是相对固化的文化样态，并且是公共文化样态，既属于个人，又不完全属于个人。博物馆文创产品则是流动的文化样态，是活泼的、可以跟随观众流动的、为观众所占有的、能够带回家的、带有博物馆特色的文化产品。因此，博物馆文创产品能够发挥博物馆意想不到的服务功能。

正是由于博物馆文创产品具有如此重要的功用，所以我们必须转变观念，重视博物馆文创产品开发。一句话，重视博物馆文创产品开发与经济社会的发展、国家对文化产业的重视、中国社会由计划经济向市场经济转型以及博物馆事业的深入发展等诸多方面相关联。

（二）辽宁地区博物馆文创产品发展态势

其一，国家对博物馆文创产品开发的重视。

2016 年 5 月 11 日，国务院办公厅正式转发了文化部、国家发展和改革委员会、财政部、国家文物局四部门的《关于推动文化文物单位文化创意产品开发的若干意见》，对推动各级各类博物馆、美术馆、图书馆、文化馆、群众艺术馆、纪念馆、非物质文化遗产保护中心及其他文博单位等文化文物单位文创产品开发工作作出部署。博物馆作为社会公共文化空间的核心要素，理应在开发文创产品、服务社会领域有所作为。

试点目的是按照试点先行，逐步推进的原则，在国家级、部分省级和副省级博物馆中开展符合发展要求、以满足民众文化消费需求为目的的文创产品开发试点，在开发模式、收入分配和激励机制等方面进行探索，逐步建立起博物馆文创产品开发的良性机制。国家文物局要求省级文物行政部门具体指导本省试点单位重点在文化产品开发模式、收入分配制度、激励机制三个方面加强探索。

探索建立多元化的文化产品开发模式。包括两种方式：一是鼓励文化文物单位在确保公益目标、保护好国家文物、做强主业的前提下，依托馆藏资源，结合自身状况，采取合作、授权、独立开发等方式开展文创产品开发；二是探索通过博物馆知识产权作价入股等方式投资设立企业，从事文创产品开发经营。

探索建立既符合相关政策要求，又适应市场规律的收入分配制度。一是严格按照分类推进事业单位改革的政策规定，坚持事企分开的原则，将文创产品开发与公益服务分开，原则上以企业为主体参与市场竞争。二是争取将文创产品开发取得的事业收入、经营收入和其他收入等按规定纳入本单位预算统一管理，用于加强公益文化服务、藏品征集，继续投入文创产品开发，对符合规定的人员予以绩效奖励等。三是研究制定具备相关知识和技能的人员到本单位附属企业或合作设立的企业兼职从事文创产品开发经营活动的干部人事管理、收入分配等问题的相关制度。

探索建立有效的激励机制，参照激励科技人员创新创业的有关政策完善引导扶持激励机制。探索将试点单位绩效工资总量核定与文化创意产品开发业绩挂钩，文化创意产品开发取得明显成效的单位可适当增加绩效工资总量，并可在绩效工资总量中对在开发设计、经营管理等方面作出重要贡献的人员按规定予以奖励。同时，地方政府和主管部门要加强保障，确保试点博物馆开展符合本馆宗旨的经营活动的权利和条件，落实资金扶持和税收优惠措施。

其二，辽宁文博主管机构积极营造发展文化创意产品的良好氛围。

根据国务院《关于进一步加强文物工作的指导意见》和文化部、国家发展改革委、财政部、国家文物局《关于推动文化文物单位文化创意产品开发的若干意见》有关要求，辽宁省出台了《辽宁省促进文化创意产业发展若干政策》，优化产业发展环境。按照试点先行、逐步推进的原则，作为首批全国博物馆文化创意产品开发试点单位的辽宁省博物馆，在开发模式、收入分配和激励机制等方面进行了探索，总结了经验。

用好第一次全国可移动文物普查数据，依托高新技术创新文化资源展示方式，整合辽宁省所有博物馆信息服务资源，开发"博联辽宁"互联网服务平台，实现博物馆展览发布、文物数字化展示、门票及文创产品在线售卖、文博活动发布及推广四大功能，并已上线试运行。

充分发挥文化产业、文物展会作用，采取流动博物馆的形式推广文创产品。结合陈列展览、主题活动、馆际交流等开展相关产品推广营销，积极与故宫博物院进行战略合作，共同培育博物馆文创产品研发的基地，探索文化创意产品研发营销的新模式。

（三）博物馆文创产品开发的原则

作为文化产业的重要门类，博物馆文创产品开发自始至终要坚持社会效益的首要地位，同时实现经济效益和社会效益的有机结合。博物馆文创产业属于文化产业，其发展应当遵循文化产业的发展规则、规律。但是，博物馆文创产业又属于特殊的文化产业，其与博物馆的密切结合又让其与其他文化产业明显区别开来，值得琢磨。

作为社会公共文化空间，博物馆的本职工作是为社会提供优质高效的公共文化服务。文化创意产品作为博物馆服务的衍生品。自然也应当坚持社会效益的首要地位。这就意味着博物馆文化创意产品追求雅俗共赏，不媚俗，有品位，传播正能量，同时要为尽可能多的社会各个阶层的人们提供文化产品。博物馆文创产品的经济效益表现在其可以在一定程度上提高博物馆自身的造血能力。毋庸置疑，长期以来，我国的国有博物馆和非国有博物馆均存在不同程度的资金紧张问题。政府为国有博物馆运营拨款毕竟有限，政府扶持补贴非国有博物馆资金更是有限，而且多为临时性补贴，没有形成制度化，社会捐助又远未能发展壮大。在此情势之下，开发博物馆文化创意产品，获取一定经济收益，缓解博物馆财政困难亦是明智之举。

博物馆文创产品开发应当追求理论与实践的有机统一。就学科归属来看，博物馆文创产品归属于博物馆学理论或者是文化产业理论学科。在基础理论研究层面，我们需要持续关注、探索和认识博物馆文创产品的本质特征、发展趋势和规律，通常表现为提出概念。范畴以及逻辑体系，解决"是什么""为什么""如何变化"等问题，主要是推动理论创新和学科发展，具有思辨性和长远效应。另外，博物馆文化创意产品具有极强的实践应用性。对此我们需要侧重于现实问题的对策性研究，通过对博物馆文创产品开发与销售的现实状况的实地走访，发现问题，分析原因，提出针对性建议。毕竟理论为实践服务，实践提升理论，二者缺一不可，不能偏废。

我们应当理性把握博物馆文创产品开发，由点到面依次展开。知彼知己，百战不殆。只有把我国博物馆文创产品置于全球视野之下，才能找准坐标，定好发展方向。与发达国家的国外同行业比较，我国博物馆文创产品开发尚处于起步阶段。博物馆文创产品开发的品种、样式，生产销售的数量、渠道，社会影响力，对博物馆发展的贡献率，在文化产业所占比例，对一个区域文化旅游业的拉动作用等都有待提升和深入发展。

（四）博物馆文创产品开发的具体举措

博物馆文化创意产品的开发与销售实际上是一个复杂的系统。因为作为商品，博物馆文化创意产品必然涉及设计者、生产厂家和营销商等环节。因此，博物馆文化创意产品研发、生产与销售需要博物馆、文化遗产主管机构、设计单位、供货商、专家学者、销售商等多个社会部门通力合作。只有社会各方密切合作，形成合力，方能做大、做强。鼓励与引导社会力量参与博物馆文化创意产品的开发与销售，最终促进中国传统文化的传承和共享。

1. 以结合大众生活为切入点，推动中国传统文化的现代化转化

随着生活方式的转变，城市大量出现餐馆、商场、电影、博物馆聚集的综合消费体。人们到博物馆也不再仅仅为了游览，满足对知识的渴求，而是变为一种常态化的生活方式。下班后、假日、周末等时段逛博物馆俨然成为一种生活习惯。这就给博物馆提出新课题，需要充分满足市民的精神和文化需求。因此，博物馆的角色也在悄然发生变化，由一个高度专业化的场所变身为生活复合体，变为一个充分满足生活需要的服务体。

尤其需要指出的是，世间万物，生活为大。文化创意产品的研发必须充分考虑产品与百姓生活的关联性。综观国内外成功的博物馆文创产品研发与销售，无不与日常生活密切相关，在产品上巧妙地打上了博物馆的印痕，沾上了文化的气息。众多专家学者也在思考，中国传统的文化资源究竟如何能够最大限度地转化为现代生活资源从而真正融入现代生活。这种融入应当没有生硬感，没有违背生活节奏，随意、自然、舒适，即传统与现代诗意衔接。

2. 培养和扶持博物馆文化创意人才

博物馆文化创意人才主要包括创意开发、生产加工、业务管理以及销售推广四类。博物馆和文化创意产品生产企业需要加强与各级各类学校尤其是职业学校的合作。双方通过积极探索博物馆文化创意相关产学研结合人才教育模式，鼓励学生到博物馆和生产企业实习，在实践中提升动手能力，提升学生动手技能的针对性和实用性，既满足学生的就业需求，同时也满足博物馆和企业对专业人才需求。博物馆和文化创意产品生产企业需要采取国内外观摩、高校进修、专家讲座等多种灵活多样的方式，充分满足博物馆文化创意人才"充电"的愿望。教育主管机构鼓励各级各类学校设置博物馆文化创意设计、生产和管理相关专业。

近年来，我国高等院校蓬勃发展的文化产业管理专业培养了大批懂文化、会管理的人才，能够满足博物馆文化创意产品业务管理对人才的需求。此外，有能力的博物馆也可以积极筹建集文化创意开发、生产加工、业务管理以及销售推广四类人才于一体的人才团队。

3. 完善文化创意产品营销体系

博物馆文化创意产品首先是商品，那么就应该遵循市场规则。同时，博物馆文化创意产品具有文化属性，因此还要营造销售环境的文化氛围。

博物馆在确保公益服务质量的前提下，可以适当利用博物馆自身的空间进行文化创意产品的展示和销售，因为观众相信在博物馆购买的文化创意产品的可信度和质量要相对高于网上或博物馆外的产品。当然，博物馆人本身就需要精心构造良好的博物馆文化创意产品营销环境。政府提出要让人民有尊严地生活，而文化是人类创造的产物，绝对有尊严。博物馆文化创意产品也应有尊严。博物馆不能变成大卖场，博物馆的商业氛围不能太浓厚，文化创意产品的销售必须限制在某个或者是某几个固定区域。网站设计要精美，文化氛围浓厚。对于购票方能进入的博物馆是否应当灵活变通，观众在不买票进入博物馆的前提下，也能够买到称心如意的博物馆文化创意产品，值得考虑。

当下，各级政府、教育部门、文化遗产主管部门在大力倡导文化遗产进入社区、乡村、学校、企业、军队，开展现场生动的文化遗产教育活动。博物馆人可以抓住这些有利时机，适度开展文化创意产品营销活动，满足民众的物质和文化需求。

迅猛发展的电子商务在很大程度上消弭了时间和空间的阻碍，给实体店带来无限危机，现代商家无不趋之若鹜。例如，截至2015年底，故宫文化创意产品总营业额已经超过10亿元，已经上线的8款App平均下载量上百万，人气火爆①。

尽管人的创造力与实现创造力的途径没有穷尽，但是关键是要保持文化品牌的魅力。例如，迪士尼许可的产品每年在全球的销量是数千亿美元。这里面不仅是人们充分发挥创造力，而且最重要的是要保持迪士尼

---

① 《中国文化报》，https://nepaper.ccdy.cn/html/2019-07/01/node_4.htm.

（Disney）的文化品牌的魅力。在此意义上讲，博物馆文化创意产业的发展前提是保持博物馆文化品牌的魅力。因此，提升博物馆的社会影响力是销售博物馆文化创意产品的前提条件。

博物馆文创产品一般有两种主要销售渠道。一是在博物馆的纪念品商店销售；二是在网上销售，这也是博物馆人积极探索"互联网＋"博物馆的重要表现。例如，中国国家博物馆天猫旗舰店自2015年10月18日试运营以来，仅4个月就实现了218个SKU（库存量单位，区别单品）的上架和110余款产品的发布。客服投诉率为0%，店内动态评分达到4.9分，比同行业平均评分高出70%①。

结合春节、寒暑假、劳动节、国庆节等重要时间节点，节奏感强地推出专题系列文创产品。例如，结合春节可以推出文创产品。目前，国家博物馆圈绕"年货"主题，融合有吉祥寓意的经典文物元素，拟推出"新春礼盒"及"年味家居装饰"系列文创产品，包括陆羽白瓷茶具、粉彩转心瓶围巾、国宝贺卡、新春红包、拜年文具等国博特色"年货"，在2016年1月25日"阿里年货节"期间推出。未来，国家博物馆旗舰店将陆续推出"你好·上古！""青铜的味道""心有灵犀""说唱迎春"等系列产品推广活动。

文创产品的销售同样需要细微化服务，要对产品所包含的文物相关知识和历史典故开展相应的、合适到位的图文说明或现场讲解。同时，因为是文化产品，所以包装要细致精美，并为观众提供快捷便利的物流服务。

4. 博物馆文化创意产品的研发与销售应当坚持小众化与大众化的结合，充分研究中老年、青少年、学生等不同群体的文化需求

随着计划经济向市场经济的转型，社会公众的活力得到进一步释放。追求个性生活方式成为社会变化的一个显著特征。文化产业需要敏锐地捕捉和充分地满足这种差异化的需求，从中获得自身发展。

青少年拥有朝气蓬勃的阳光性格，追求新奇，探索未知；中年人社会

---

① 作者根据相关资料整理。

责任感强烈，怀旧意识浓厚；老年人回归传统意识强烈。这些客观事实需要博物馆以及文化创意产品设计者充分予以关注。业内人士放言，在当下社会，抓牢青年人的目光也就赢得了整个世界，因为他们代表了未来世界的基本走向。所以，必须高度关注年轻人的爱好兴趣。其实，家庭主妇也乐意游览博物馆，也希望在博物馆购买到物美价廉、同时带有文化符号的创意产品。

其实消费者的物质和文化需求可以有意识地引导和培育。我国博物馆文化创意产品属于中国制造，主流是弘扬中国传统文化。中国人要理直气壮地使用带有中国元素和中国智慧的产品。儿童要玩中国玩具，从娃娃时代培养独特的中国文化情结。

5. 搭建平台，合力做好博物馆文化创意产品开发

我们可以根据自身实力和现实状况的需要，组建国家、省、市、行业等不同层面的博物馆文化创意产品专业委员会。为便于开展工作，委员会下设各级博物馆协会。博物馆文化创意产品专业委员会通过召开会议，举办博物馆文化创意博览会，组织外出考察学习先进经验，出版论文集、专著等多种方式，整合社会、区域博物馆文化创意力量，为其发展提供各种支持和服务。

政府加大扶持力度的同时，博物馆自身需要强化造血功能。《博物馆条例》第三十四条规定："国家鼓励博物馆深挖藏品内涵，与文化创意、旅游等产业相结合，开发衍生产品，增强博物馆发展能力。"

三、辽宁地区博物馆的推广

一定程度上，博物馆的推广的重要性甚至要超过博物馆的建设。这是因为博物馆建成之后基本定型，很难有大的改善。这个时候，重中之重的工作就是博物馆的推广。只有通过有效的推广手段，吸引公众进入博物馆游览，博物馆才有可能获得较好的社会效益和经济效益，从而真正获得社会的认可。

（一）博物馆要有一个好听、接地气和叫得响的名称

完整的博物馆名称需要必备的四个要素，即地域（中国、辽宁、胶东等）、字号、主题（茶）、馆舍类别（陈列馆、纪念馆、博物馆），例如，辽宁西文欧洲艺术博物馆，辽宁是地域，西文是字号，欧洲艺术是主题，博物馆是类别。在信息时代，好听、接地气和叫得响的名称最受欢迎，因此博物馆的取名不可忽视。这直接关系到博物馆藏品的取材地理范围，关系到对观众的吸引力，从而直接影响到博物馆的社会效益和经济效益。同时博物馆名称需要简化、通俗化。

博物馆的取名实际上是在表明博物馆的专业定位。一个博物馆不但要有个叫得响的名字，还要有自己独特的具有穿透力的广告词。

（二）博物馆运营方要高度重视博物馆宣传工作

必须承认，自媒体时代，宣传非常重要。俗话说"酒香不怕巷子深"，但是现在是"酒香也怕巷子深"。

信息时代，博物馆的营销策略尤为重要。当一个博物馆建成开业之后，一般很难对博物馆进行大的变动，耗时，费力，影响社会和经济效益。因此，博物馆的推广和营销必须提上日程，成为博物馆工作的重中之重的任务。

文化遗产尤其是近现代文化遗产的保护与利用无论在实务还是研究方面一定要关注青年人的兴趣爱好，他们的喜怒哀乐在一定程度上引领社会文化的发展走向。积极调研，迎合青年人的爱好，可以让文化遗产真正发挥社会功能，贴近草根，获得生机。博物馆的筹建以及运营中应当有青年精英。辽宁道路交通博物馆颇有自己的心得。除了辟出休闲娱乐场所之外，专门辟出场地建设创客，欢迎青年人来此创业发展，其本身也有青年人在此发展。

博物馆建成之后，博物馆的经营策略非常重要，需要聚拢人气，宣传博物馆、博物馆的附属餐厅和产品。博物馆不仅是展示文化的场所，而且

是聚拢人气，创造、生成文化的场所。博物馆主办方在创建、保持文化时，眼光要向上，保持文化的高雅、典范以及与众不同，因为只有这样的文化氛围才可以吸引观众。博物馆主办方在聚拢人气时，眼光要向下，吸引民众（草根）进入博物馆。

城市事件对文化遗产的保护有何影响值得关注。在人员选用上应处理好管理人才与研究人才的关系。博物馆最重要的资源是员工，有效的员工策略是其成功运营的关键因素。应该充分考虑新馆的发展目标和功能定位，偏重社会博物馆的管理模式，适当采用人力资源管理制度，制定部门设置和定员定编定岗及其招聘方案，合理配备使用人才。做到合理结构，适当比例，一专多能。应该尝试以专业为导向选用或招聘馆长和重要骨干人才，选聘标准应以学养专长与行政经验并重，尤其要重视管理能力。

在运营推广中应处理好公益活动与市场营销的关系。公益活动是安身之本，市场营销是立命之策。做好博物馆日常工作的同时，应着力创建国家级旅游景点（3A 以上），依托借助社会资源如辽宁拥有的国家级历史文化名城和旅游胜地的优势和渠道，提高社会知名度和市场影响力，创造自身的良性运行机制。提倡建立大社教格局，建立大社教协调联系机制；社教部门要主动与上级部门、同行、媒体、群团组织和社会各界定期协调联系，通过成立"博物馆之友"（以主管领导、专家学者和社会各界人士为主）和志愿者协会（以师生为主兼收社会人士）来拓展沟通渠道，了解社会需求，并设置强化相应职能，增加社会教育的广度和深度。

在公关策划中应处理好形象宣传与传播手段的关系。徽标（logo）设计也是自身形象宣传的需要。利用新馆、新展、好话题的新鲜度开展强有力、全方位的宣传活动应是新馆建成后的首选。依托景区景点、新闻媒体（平面纸质、广播电视）、交通媒介（机场、车站、路标牌）和网络等载体，开发与本馆专题相关或衍生的文创产品，多视角多手段地树立形象，打造品牌，提升社会关注度。

（三）博物馆运营方需要强化博物馆推广人员的数量和质量

一般来说，博物馆市场推广工作职责是负责博物馆的宣传推广、营销、社会服务、媒体和行业交流。市场推广人员的基本素质要求是：35岁以下，普通话标准；全日制本科以上学历，市场营销、企业管理、广告、旅游、会展等相关专业；从事博物馆、主题馆工作或相关工作三年以上，有丰富的博物馆经营、运作、管理经验；具备较好的沟通，协调能力，擅长文案写作及活动策划，熟悉品牌传播及推广。辽宁地区博物馆的推广的人力投入和质量差异较大。例如，运营成功的辽宁啤酒博物馆有8人在专门做市场推广工作，而辽宁葡萄酒博物馆的市场推广人员只有2人，需要联系不同的旅行社、广告公司等单位，实在是力不从心。

（四）博物馆需要建立适合自身需要的网站

1. 辽宁地区博物馆网站建设现状

通常而言，博物馆网站的设计原则主要有：全面客观地介绍博物馆，延伸博物馆的宣传教育功能；页面需要符合博物馆的整体定位，大气端庄，功能全面便捷，充分满足网民的视觉体验和文化消费习惯，从而努力实现亲民和互动；网上展示的博物馆藏品需要有详细的历史渊源和文化含义的图文说明。

在博物馆对外宣传、扩大业内影响力方面，辽宁博物馆水平参差不齐，建立博物馆网站是扩大影响力的有力手段之一。

利用报刊媒体广泛宣传博物馆相关消息，扩大社会影响力。新媒体一般是指在报刊、广播、电视等传统媒体以后发展起来的新媒体形态，具体包括网络媒体、手机媒体、数字电视等。新媒体利用数字技术，网络技术，通过互联网、宽带局域网、无线通信网、卫星等渠道，以及电脑、手机、数字电视机等终端，向用户提供信息和娱乐服务的传播形态。在互联网高速发展的今天，以一个人为中心的新媒体已经从边缘走向主流，其中以博客最为典型。新媒体时代已经到来。

加强网站建设。网站可以宣传自身形象，加强同行业联络，方便社会公众网上浏览。辽宁省各类博物馆目前建成网站的实在不多，并且质量参差不齐。知识经济时代、全球化时代、科技化时代、现代化时代、注意力经济时代都迫切要求博物馆做好自身的宣传，把博物馆潜在的受众转变为现实的受众。这也表明辽宁省博物馆的服务意识有待于加强。

2. 博联辽宁平台的开发

当博物馆发展到一定数量的时候，博物馆的联合发展显得尤为重要。

现在是"互联网＋"的时代。社会公众如果想知道辽宁本地有多少博物馆，目前只能是一家家在网站上搜寻。这样做费时费力，不利于博物馆的整体发展。通过博联辽宁可以把整个辽宁地区的博物馆信息连在一起，找到博物馆举办的活动，加强博物馆的推介和推广。国有博物馆、非国有博物馆、行业博物馆连为一体，通过大馆带动小馆。文创产品的发展交流通过平台开展。

具体而言，博联辽宁大体有三大功能。一是全市博物馆展览活动的展示平台。展览活动是博物馆的灵魂。现在博物馆的宣传还是依靠纸媒或自身，靠报纸或者是各个博物馆的公众号，比较零散，受众不太稳定，所以集中打造这样一个平台，发挥各馆的合力，宣传更加全方位，触角更深、更广。二是通过文创产品模块来激发全市文创产品开发的活力。2016 年下半年，在全国范围内发展文博场馆的文创产品，也是国家文物局的重点工作。在这个平台，除了公益类的展示之外，通过互动吧搞一些夏令营、博物馆游学都是一种时兴活动，很多家长、学生、年轻人、老年人乐此不疲。文创产品有一定市场规模，需要有平台实现更好发展。平台对特色博物馆门票进行销售，不需要旅游部门推销，博物馆可以有更多的经济收入，增强博物馆的造血功能。三是形成全市博物馆的大数据信息库。这是大势所趋。通过消息、评论、互动系统让真正热爱博物馆的观众联系起来，从而使博物馆在将来的宣传中与活动的开展上更具有针对性，更有效益和目的性，为今后博物馆的推广做深入的支撑。

四、辽宁地区博物馆的社会教育

无可否认，作为社会文化建设的重要内容，教育对于提升国民素质，提高社会文明程度、促进经济发展和社会全面进步具有极为重要的作用。发展教育，营造良好的文化环境，是加强社会主义文化强国建设、强化社会主义核心价值观教育、推进现代化建设的重要条件。而博物馆本身就能够提供优质的多样化的公共文化服务，在以上各个方面发挥重要作用。

博物馆的社会开放服务包含"请进来"和"走出去"的双向服务。"请进来"是指采取措施让社会公众走进博物馆，获得知识和快乐；"走出去"是指博物馆人携带博物馆实物、图片、视频音像等多种文化资源，主动进入社会，为公众服务。

（一）博物馆教育的定位

随着科技的进步与时代的发展，各种思想观念的交流、交融和交锋日趋激烈。2016 年 2 月，教育部出台专门文件，明确要求各级各类学校应创新爱国主义教育方式和途径，有效拓展课堂内外，网上网下。平台载体的爱国主义教育引导，营造浓郁的校园文化氛围，使学生随处受到爱国主义精神的感染。同时，着力运用微博、微信等网络新媒体，充分利用文化馆、纪念馆、博物馆、旅游景点、部队营地等资源，通过举办运动会、体育比赛等活动，开展爱国主义教育，生动传播爱国主义精神。透过教育部的专门文件的字里行间，我们能够深刻认识到国家教育主管部门对博物馆教育功能的高度期望，这更是博物馆人为社会服务的重要体现。

《博物馆条例》同样明确了教育主管部门、文物主管部门以及博物馆在组织学生开展教育方面的责任。《博物馆条例》第三十五条规定："国务院教育行政部门应当会同国家文物主管部门，制定利用博物馆资源开展教育教学、社会实践活动的政策措施。地方各级人民政府教育行政部门应当鼓励学校结合课程设置和教学计划，组织学生到博物馆开展学习实践活动。博物馆应当对学校开展各类相关教育教学活动提供支持和帮助。"

《博物馆条例》进而具体规定博物馆应当为社会各界的学术活动、学生实践、社区提供便利条件。《博物馆条例》第三十六条规定:"博物馆应当发挥藏品优势,开展相关专业领域的理论及应用研究,提高业务水平,促进专业人才的成长。博物馆应当为高等学校、科研机构和专家学者等开展科学研究工作提供支持和帮助。"《博物馆条例》第三十四条规定:"博物馆应当根据自身特点、条件,运用现代信息技术,开展形式多样、生动活泼的社会教育和服务活动,参与社区文化建设和对外文化交流与合作。"

《博物馆条例》同时也规定了博物馆开展社会服务的"双为"方向和"三贴近"的原则。《博物馆条例》第三条规定:"博物馆开展社会服务应当坚持为人民服务、为社会主义服务的方向和贴近实际、贴近生活、贴近群众的原则,丰富人民群众精神文化生活。"这些规定规范着博物馆的社会服务的方向与实施方法。

需要指出的是,当前国际博物馆界一个重要发展趋势是由藏品的展览和研究转向教育和服务,这其实是在说由之前的重视物转向重视人,而且是由先前的重视社会中层之上的人,转变为重视民众。正如史学研究很早就已经把研究的目光由精英转为草根,力图通过丰富多样的草根命运来展现社会的万千变化。

(二) 博物馆教育的特点

国民教育,顾名思义,就是针对国家公民展开系统的教育活动。国民教育的主管部门是各级教育主管部门,具体实施者主要是各级各类学校。因此,从这个角度讲,博物馆是国民教育的特殊机构,或者说是文化传播的非正式机构。其原因是多方面的,例如,博物馆教育与学校教育尤其是义务教育相比较,没有强迫性。博物馆没有权力强制在校大中小学生每年必须有多长的时间进入博物馆接受教育。中小学校一般配有统一教材,便于开展相应的教育活动。博物馆教育则一般没有统一的教材。当然,博物馆正可以从自身具体状况出发，从而可以真正实现教无定法，因材施教。相对于学校固定的教室，博物馆更像是一座流动的学校，而且学生在一定范围内，可多可少，灵活多变，适应社会需求。但是需要说明，虽然博物馆是国民教育的特殊机构，并没有否认教育是博物馆担负的首要社会责任，而且无论中外皆是如此。

通常而言，现代博物馆教育的特点主要包括以下几个。

1. 倡导全民终身教育

博物馆为全体公民所共享、共有。因此，凡是进入博物馆的人群都是博物馆的教育对象，不分年龄、职业、地域、学历，都可以通过参观博物馆、参与各项教育活动从而达到学习知识和共享人类优秀文化和精神遗产的教育目的。并且，博物馆教育因人而异，针对不同群体的具体需要开展亲子教育、家庭教育、成人教育、廉政教育等。博物馆也可以深入学校及社区开展服务活动，以达到全民教育和终身教育的初衷。这也是传统学校教育所无法超越的优势所在。博物馆作为社会教育的主要阵地，就是要通过收藏、保存、研究和展览文物和标本，来提高整个社会的思想道德水平和科学文化素质，促进整个社会的发展。

2. 启发式、诱导式和寓教于乐的教育

博物馆通过模型、游戏视听道具，引导观众通过耳、眼、手、心积极参与互动，给予观众愉悦的学习经历。

3. 自我主导式的探索式教育

现代博物馆倡导观众依据自己的喜好，选择时间和方式去探索博物馆的奥秘。当然博物馆负责提供导览机、查询系统、地图、地标指示，以及充满展室的文物、标本、图书资料等。观众通过自主学习，可以有效获得成就感和自信心。

4. 身临其境的现实感教育

博物馆通过现代技术实现遗址复原、实物造景、情景再造，重现数千年前的人类历史和自然风貌，观众能够产生一种身临其境的感觉。从教育方式来看，博物馆的社会教育具有直接性。这种教育的效果不同于教科书、文字或者插图等其他的教育方式或者艺术创作等形式，而是以最符合历史原貌的形式，以无声的语言表现历史和传递历史。另外，随着科技发展，充分利用现代信息技术，更加形象地解读历史，尽可能多地向社会公众提供知识信息，也是博物馆社会教育的文化服务亮点。这种直接性的教育方式可以给受教育者最深刻的效果影响，也是其他教育形式所无法比拟的。同时，观众进入博物馆更能接触生活，避免了传统学校课堂的呆板。

5. 多样性

博物馆的社会教育内容具有多样性特点。博物馆因为服务对象和收藏范围不同，门类众多。博物馆的类型大致可分为历史的、自然的、科技的、艺术的、民族的、民俗的、军事的、纪念性的、遗址性的、生态的等。即使是一种类型的博物馆也会因为历史时期、地域条件、民族特征等因素而各有不同。另外，随着博物馆社会服务功能的延伸，博物馆所提供的文化产品和文化服务也是全方位和多层次的，既有精品文物陈列，也有与之相配套的文化产品，如开展旅游项目、举办群众性学术讲座、出版专业书籍和普及读物、开发和出售文物衍生品等。

6. 社会性

博物馆为社会和社会发展服务，在履行教育功能的职能同时，通过教育和教化的活动承担起推动社会发展和文化进步的责任。博物馆的社会责任主要表现如下。首先是倡导全社会对文物和文化遗产的保护意识。文化遗产是不可再生的宝贵资源。博物馆保护、保存、展示和宣传物质非物质文化遗产的同时，也是在向人类倡导敬畏历史、敬畏文物的社会风尚。其次是正确引导社会舆论。博物馆发挥有效的宣传阵地作用，举办与文物保护相关的主题展览，能够对社会风尚和整个社会的精神文明建设起到积极的促进作用。

（三）辽宁地区博物馆社会教育现状

1. 成绩

（1）自 2008 年 4 月 23 日至今，辽宁地区的博物馆、纪念馆免费向社会开放，效果良好。辽宁省博物馆免费开放有五个基本特点：一是形成多馆联动，发挥群体优势，力求贴近实际、贴近生活、贴近群众；二是提高服务质量和水平，呈现出服务观众、寓教于乐、延伸服务的新特点；三是满足社会教育，注重文化传播和知识普及；四是提升展览，从文化创意到馆际合作都形成新亮点；五是建章立制，狠抓内部管理建设标准体系。

（2）辽宁地区博物馆积极走出博物馆，投身社会，为各个阶层民众服务。无论是国有博物馆还是非国有博物馆，无论是专题馆还是综合类博物馆，无不主动走进社会，服务公众。非遗文化进校园活动，传播非遗知识，激发青少年热爱中华优秀传统文化的积极性，因此受到了师生们的欢迎。胶东非物质文化遗产博物馆努力推动非遗知识进校园、传统文化上课堂的活动，社会效益良好，加强了博物馆与社会尤其是学校的联系，同时扩大了该馆的社会影响力。相信将来会有更多的青少年以及他们的父母主动走进胶东非物质文化遗产博物馆，从而有助于改善博物馆的生存处境，弘扬传统文化。市场经济条件下，博物馆人同样要积极出击，找寻发展机会，扩大自身影响力。本着弘扬传统文化、保护非物质文化遗产、丰富节日市场、满足市民文化生活需要的目的，头脑灵活、反应敏感、紧跟时代、贴近生活、对准现实、紧靠群众、服务民生，方能赢得生存，最终促进博物馆事业的发展壮大。

（3）辽宁地区博物馆注重优化细节，提升公共文化服务质量。博物馆作为文化聚集和传播之地，应当注重对成年人和青少年、当地观众和外来观众、残疾人和健全人、学生群体、以家庭为单位的观众开展个性化服务。国外已经充分注意到细节化服务，甚至为家庭设立存衣柜等。家庭购物之后，可以无障碍地进入博物馆游览。成熟的博物馆服务设施大致包括语音导览器、电子触摸屏、旅游纪念品商店、书店、茶吧、存包处、可以借用的轮椅和婴儿车、互动区、查询区、放映区、学术报告厅。博物馆应该根据自身的具体状况加以配置。总之，细节决定成败，博物馆内的诸多不便之处必须逐一解决。2014年，国际博物馆协会为国际博物馆日确定的主题是"博物馆藏品架起沟通的桥梁"。该主题强调博物馆是根植于现在、保存与沟通过去的鲜活机构，将世界的观众、各代人与他们的文化紧密联系起来，让现在和未来的各代人更好理解他们的根源与历史。面对不断变化的社会，博物馆必须重新审视其传统的使命，研究出吸引更多观众的新策略，特别是要不断改进展示藏品的传统方法，以便与公众保持联系。公众体验文物修复工作是博物馆拉近与观众距离的最好的方式，也是将博物馆教育寓教于乐和寓学于乐的最好方式。随着公众考古的逐渐推广，体验修复技艺的方式将会吸引更多的人参与进来。在这些方面，科研力量相对厚实、人员队伍相对充实的辽宁省综合类博物馆应当起到表率作用。

（4）现代博物馆的发展必然是一个以博物馆为重心的复合体发展，所以博物馆人应当因地制宜，开展种类繁多的社会服务活动。辽宁地区博物馆密切配合辽宁省经济社会发展，提供弹性公共文化服务。

2. 不足之处

无法否认的是，中国博物馆教育在理念、内容、形式、方法等诸多领域大都落后于西方国家。而这些现象在辽宁地区博物馆社会教育中或多或少存在，也就值得关注。

服务意识淡薄，把展览简单地等同于教育；坐等观众上门，不能主动服务学校社区；展陈内容单调直白，未能深挖馆藏文化资源；教育形式落后呆板，手段不丰富；专业博物馆人员短缺。这些问题在辽宁地区博物馆也不同程度地存在，直接制约了博物馆社会教育的实效性。

出现这些问题的原因是多方面的：国有博物馆依靠财政发薪水，工作质量高低均有保障，人员积极性不高；非国有博物馆刚刚开始运营，相关知识欠缺，不了解如何提升服务质量等；受制于办馆资金的限制，无力改善基本设施和聘请专业技术人员；等等。

（四）辽宁地区博物馆社会教育的改善方向

1. 清醒认识博物馆教育的实质，势力提升博物馆自身实力

博物馆需要有吸引力，因为博物馆不是强制性的教育机构，不能强制社会公众进馆参观。即使实行免费开放，博物馆之间也存在激烈竞争，因为博物馆大多已经免费，参观者可以随意参观游览，所以免费博物馆之间也存在竞争。客流量增加可以带动博物馆文创产品的销售，同时，收费博物馆要吸引观众，更要提升实力。毕竟社会的发展、文明的进步、文化传播方式的多样化、文化传播速度的加速化，使人们有了多重选择。博物馆只有增强自身的竞争力，方能永葆青春。

综观国内外博物馆行业，知识性、趣味性无疑是博物馆立足社会的法宝。博物馆必须有趣味性。生活节奏的加快，休闲社会的来临，人们追求更多快乐。博物馆要想融入社会大环境，必须在趣味性上下足功夫。博物馆必须有知识性。随着知识经济社会或者说是文化经济社会的到来，人们对文化知识的追求越来越迫切。文化可以带来财富、地位、快乐，可以说是集百宠于一身，而博物馆理应成为知识的载体，就像开卷有益一样，公众进入博物馆就应有所收获，不虚此行。

2. 辽宁地区博物馆需要根据自己的特色和位置具体确定自己的社会开放的重点人群和方式

博物馆进校园，也是馆校合作的重要方式。博物馆人需要精心选择展品内容与数量、展览持续的时间，以及课堂授课的对象；要有计划性，避免重复；具有生动性、直观性、可操作性，便于学生直接动手学习，从而激发其学习传统文化的热情。

3. 强化文化遗产教育，培育潜在的博物馆爱好者

在文化遗产保护过程中，遗产教育备受关注，因为教育贯穿于文化遗产保护各个方面，对文化遗产的认知、保护、利用和传播等，都需要靠有知识、有理念、有技能的人去完成，也要靠对文化遗产有全面理解的社会公众的参与和支持，而这些主要靠教育途径才能实现。从这个意义上讲，遗产教育是实现遗产可持续发展最重要的动力和条件。事实证明，遗产保护面临的最大困难不是自然灾害，也不是完全缺乏相应的保护技术，而是各种片面和错误的认识观念，这也是当前我国文化遗产保护需要解决的首要问题。

遗产教育是指通过各种有效手段提高国民对文化遗产保护及利用意识

的活动。遗产管理部门需要综合运用新闻媒介、影视广播网络、文化旅游等多种手段让社会公众尤其是青年学生初步了解国内外文化遗产保护的发展历程、具体保护方法等基本常识，尤其要重点掌握当地文化遗产资源的种类、特点、价值及保护现状等。同时，遗产管理部门要积极创造条件让社会公众尤其是年轻人有机会参与遗产保护，完成从"走进文化遗产"到"体验文化遗产"，再到"热爱文化遗产"的情感跨越。

全国上下都在提倡素质教育，寓教于乐，博物馆又是进行素质教育的绝佳场所。问题是辽宁的中小学校在组织学生外出集体活动的时候，热衷去的地方大多是极地海洋世界、海底世界等现代娱乐场所或风景名胜区，对游览文化遗产地似乎是不屑一顾。这只能说明教育主管部门、中小学校、广大教育工作者、学生家长的文化遗产教育意识及知识有待提高。

因此，文化遗产管理部门要与教育主管部门联合行动，在全市范围内推进文化遗产教育活动。首先，要加强广大教育工作者的文化遗产的认知和保护意识，其次，积极引导中小学教育工作者带领学生参观文化遗产地，同时，也可以开展形式多样的文化遗产知识竞赛等活动。学生家长也要密切配合学校的教育活动，在假期闲暇时间陪同孩子游览文化遗产地，增长孩子的文化遗产保护知识与意识。

另外，辽宁应加强对出租车司机及市民的文化遗产知识教育，因为他们对于外地观众而言，无疑具有一定的辽宁当地文化遗产的阐释主导权。虽然司机的主要工作是驾车载客，但在一定情境下，他们却是外地观众了解辽宁当地风土人情的首要直接的渠道。

博物馆作为收藏、保护、研究、展示文化遗产的公益性文化机构，在传承文明，开启民智，繁荣文化方面发挥着不可或缺的作用。博物馆的作用只有落实到社会公众，才能完成任务。而博物馆公众一般包括大众观众、博物馆志愿者、博物馆之友三类。三者之间的博物馆文化层次应该是呈递增之势。

博物馆之友属于专家层次，是咨询专家，是各个领域的精英，能够帮助博物馆发挥其服务社会功能，拓宽博物馆与社会沟通渠道，切实增强博物馆的社会影响力，提升博物馆社会公共文化空间。高水平的博物馆往往建有自己固定、庞大的博物馆之友群落。

今后辽宁地区博物馆之友发展的方向包括：一是要鼓励更多的博物馆建立自己的博物馆之友渠道。毕竟现在只有很少博物馆建有自己的博物馆之友。二是要进一步拓宽博物馆之友的行业，例如，文博系统、教育、医疗、宣传、文物收藏、新闻媒体、园林等。三是要进一步发挥博物馆之友的作用。例如，在国外，博物馆之友甚至担负部分为博物馆捐款的任务。当然，目前国内基本不存在此类博物馆之友，也许不久的将来就会出现。

博物馆志愿者是文博爱好者，多为博物馆社会科学普及型人员，具备一定的文物基础知识，真正能够从事博物馆科学研究者较少。志愿者多为在校大中学生等，他们热爱社会公益活动，希望得到社会实践机会，帮助他人，提升人际交往能力等自身竞争力。

博物馆志愿者需要接受必要的相关培训。辽宁省博物馆对讲解志愿者礼仪有着明确要求。在仪容、仪表方面，服装要求整齐合身、大方；注意个人卫生、仪态、举止方面，站姿要自然大方，步姿应轻盈，手势要自然适度，动作不宜过多，幅度不宜过大；语言服务要规范，用普通话服务，做到吐字清晰、微笑服务。在讲解服务方面，给观众讲解应致欢迎辞，首先介绍辽宁省博物馆的总体概况；讲解中，可根据不同对象和观众的兴趣爱好展开针对性讲解，如有需要，应给观众留摄影时间和提问时间；讲解结束时，及时听取观众意见。辽宁省博物馆给予志愿者交通补贴和午间工作餐。

民众无疑是博物馆事业极为重要的参与者。众所周知，博物馆的大量可移动藏品来自民间。如果民众的热情高涨，那么征集到的藏品数量、质量也会很高，品种会很多。否则，博物馆的生存与发展如履薄冰。民众是参观游览博物馆的主体。关注文化遗产的民众越多，博物馆事业越能蒸蒸日上，否则只会陷入门可罗雀的境地。因此从这个意义上讲，辽宁省博物馆城建设在很大程度上依赖于社会公众的参与程度。辽宁省民众应当提升认识，真正把博物馆当作自家的后花园和会客厅，常进来看看、走走。志愿者同样是博物馆实现社会服务的重要力量。经过博物馆礼仪、技能、知识培训之后，数量众多、素质过硬的志愿者能够为博物馆承担文化传播、遗产保护的重任。教师、医师、公务员、大学生、文化艺术工作者构成志愿者队伍的核心。如果高素质的辽宁省民众积极参与博物馆志愿者队伍，必然能够提升博物馆的服务水平，真正让博物馆走进市民，走向社会。博物馆为社会公众服务同样包括为各类重点群体服务。

4. 博物馆研学有待深入发展

博物馆研学旅游是近年来兴起的一种多元化旅游发展模式，是旅游和教育的跨界旅行。随着社会的发展，课堂上的学习已经不足以满足学生们对知识的渴望，让学生更多地走出校门，参与实践，在游中学，在学中获，成为大势所趋。辽宁博物馆拥有深厚的文化底蕴、丰富的科普教育资源，将致力于打造最佳研学旅行基地，积极完善配套设施，营造健康、快乐的研学旅行环境，为校园群体开启与众不同、趣味盎然的研学之旅。

需要编写辽宁地区博物馆的研学教材。由辽宁省文物局或者是各区市博物馆主管机构牵头，聘请高校博物馆专业专家学者；各个博物馆主动配合，提供各馆相关文字与图片资料，结合各馆具体特色，分析文化遗产的由来、结构、价值、功能、生态、现状、保护、利用等情况。针对不同的博物馆受众群体，开发系列博物馆研学教材。辽宁地区博物馆研学已经有了很大的提升。博物馆紧密结合自身主题，开展了内容丰富、形式多样的研学活动，受到广大学生、家长、学校以及教育主管部门的广泛赞誉，形成了品牌优势。

结　　语

　　城市发展需要借助经济、文化、生态等多种动力因子保持发展的永续活力，文化作为赋予城市永久活力的源泉，是城市复兴与再生的有效手段之一。随着后工业经济与社会的快速发展，人们对历史、文化、休闲和旅游等精神需求不断增加，寻求城市中富有活力的历史文化区域进行有机更新，可以起到催化剂作用，迅速激发周围区域链式的经济与文化发展，从而有效地促进旧城活力的再生与复兴。当前许多城市为了振兴活力，都结合历史空间进行文化复兴，展现出鲜明的城市文化和地域特色，积累了大量的理论和实践经验，对我国当前的旧城改造工作具有积极的借鉴意义。城市历史文化空间复兴，往往强调其特有的地域文化特征，以文化内涵和文化生活水平的提高作为现代城市空间复兴的规划目标，将休闲、娱乐、特色商业、特色产业和文化展览等契合现代生活的功能和文化内涵融入原有城市空间，提高其质量档次，丰富其地域内涵，促进经济效益、社会效益和环境效益的统一。

　　总之，注重城市历史文化空间在现代语境下的探索设计，进行现代功能融入和空间创新，探索通过文化性探索设计复兴城市空间，对当前我国的城市更新具有积极的现实意义。我们应当努力培养创新意识，因地制宜地探索地区历史文化性，创作出具有鲜明地域文化色彩的设计精品，促进城市历史文化空间的可持续发展。

参 考 文 献

［1］刘昱如．勉县县城历史文化空间艺术构架研究［D］．西安：西安建筑科技大学，2011．

［2］陈丽羽．闻喜县空间构架中历史文化空间脉络的梳理与传承［D］．西安：西安建筑科技大学，2015．

［3］武宇斌．融合自然山水环境的永寿金盘城历史文化空间格局研究［D］．西安：西安建筑科技大学，2020．

［4］王秋雯．皖颍州西湖历史文化体验式展览馆设计研究［D］．上海：东华大学，2020．

［5］石褒曼．近现代沈阳历史文化空间形态演进研究［D］．沈阳：沈阳建筑大学，2020．

［6］汤雪璇，董卫．城市历史文化空间网络的建构——以宁波老城为例［J］．规划师，2009，25（1）：85－91．

［7］陈洁．历史文化空间的修复策略探索——以桐城六尺巷历史片区为例［J］．遗产与保护研究，2019，4（2）：65－71．

［8］严巍，赵冲，季宏，等．城市历史文化空间网络构建及其表达——以安徽马鞍山当涂老城为例［J］．新建筑，2019（2）：132－136．

［9］刘平，陈璐，霍晓东，等．基于地方特色的历史文化空间改造——以齐齐哈尔清末藏书楼地段为例［J］．安徽建筑，2019，26（5）：7－8．

［10］傅天虹，胡西宛．论白先勇小说空间叙事的汉语维度［J］．广东社会科学，2019（4）：172－177．

［11］王潇，徐建刚，李久林，等．城市历史文化演变及其空间活化路径研究——以国家历史名城瑞金为例［J］．中国名城，2019（8）：

72 – 77.

[12] 谢华春，王蓓，陈青扬. 基于全域化视角的宁波历史城区历史文化空间品质提升研究 [J]. 建筑与文化，2019 (10)：35 – 36.

[13] 王文君，武传太. 城市历史文化空间的产生与消失 [J]. 黑龙江科技信息，2012 (9)：221 – 222.

[14] 王林申，付善海，潘昆. 谈济南历史文化空间视廊的保护与控制 [J]. 山西建筑，2012, 38 (32)：2 – 4.

[15] 李琴. 浒湾古镇历史文化空间资源保护与更新研究 [D]. 南昌：江西师范大学，2017.

[16] 李海雅，汪婧，郭黎腾，等. 浙东文化影响下宁波历史文化空间建设的探究 [J]. 建筑与文化，2020 (10)：171 – 173.

[17] 易纯. 重塑小城镇历史文化空间 [J]. 中外建筑，2013 (10)：81 – 83.

[18] 王小君. 陇东历史文化空间意象媒介表征研究 [J]. 陇东学院学报，2015, 26 (6)：95 – 100.

[19] 李然，魏晨曦. 武陵山区民族特色古镇的保护与建设 [J]. 中南民族大学学报（人文社会科学版），2016, 36 (6)：78 – 82.

[20] 黄林静. 赛博时代福州历史文化空间传播策略研究 [J]. 东南传播，2021 (3)：92 – 94.

[21] 谭倩倩，毕凌岚. 行为心理学视角下的历史文化空间人群行为研究——以成都市宽窄巷子为例 [J]. 当代建筑，2021 (3)：134 – 137.

[22] 陈宗章，黄英燕. 历史·文化·空间："中国梦"的节奏与变奏 [J]. 南京邮电大学学报（社会科学版），2014, 16 (3)：119 – 124.

[23] 李刚. 以街角打造保定历史文化空间提升保定文化软实力 [J]. 东方企业文化，2014 (21)：110.

[24] 王军，何云，胡啸. 关于弘扬海洋文明打造现代海洋文化名城的思考——琅琊台历史文化空间发掘与琅琊文化大遗址公园建设 [J]. 中国发展，2015, 15 (3)：46 – 49.

[25] 马玲，柳肃. 从"古之名区"到潇湘文化意象：永州湘口驿历史文化空间构成及保护 [A]. 中国建筑学会建筑史学分会. 2016 年中国建筑史学会年会论文集 [C]. 中国建筑学会建筑史学分会，2016：5.

[26] 李茉. 城市历史文化街区的保护与再生 [D]. 大连：大连理工大学，2009.

[27] 车亮亮. 近代城市历史文化街区文化景观保护与旅游开发研究 [D]. 大连：辽宁师范大学，2012.